网络技术系列丛书

普通高等教育"十三五"应用型人才培养规划教材

网络设备配置实用技术

主　编　梁雪梅　武春岭
副主编　罗跃国　李　芳　李治国　唐乾林
　　　　周璐璐　赵　怡　雷轶鸣　谭劲松

西南交通大学出版社
·成都·

图书在版编目（CIP）数据

网络设备配置实用技术 / 梁雪梅，武春岭主编. —成都：西南交通大学出版社，2017.7
（网络技术系列丛书）
普通高等教育"十三五"应用型人才培养规划教材
ISBN 978-7-5643-5590-6

Ⅰ. ①网… Ⅱ. ①梁… ②武… Ⅲ. ①网络设备–配置–高等学校–教材 Ⅳ. ①TN915.05

中国版本图书馆 CIP 数据核字（2017）第 166203 号

网络技术系列丛书
普通高等教育"十三五"应用型人才培养规划教材
网络设备配置实用技术

	责任编辑／穆　丰
主　编／梁雪梅　武春岭	助理编辑／张文越
	封面设计／严春艳

西南交通大学出版社出版发行
（四川省成都市金牛区二环路北一段 111 号西南交通大学创新大厦 21 楼　610031）
发行部电话：028-87600564
网址　http://www.xnjdcbs.com
印刷　成都蓉军广告印务有限责任公司

成品尺寸　　185 mm×260 mm
印张　13.75　　字数　343 千
版次　2017 年 7 月第 1 版　　印次　2017 年 7 月第 1 次

书号　ISBN 978-7-5643-5590-6
定价　35.00 元

课件咨询电话：028-87600533
图书如有印装质量问题　本社负责退换
版权所有　盗版必究　举报电话：028-87600562

前 言

本书编写过程中,不仅注重学生理论学习,而且注重实验实习。通过阅读本书,学生能够了解路由器、交换机设备的工作原理,能利用 LAN 和 WAN 电缆、Cisco 路由器、交换机、防火墙、Windows 工作站构建一个实验网络,能利用 Cisco 交换机、路由器命令优化 LANS、VLANS、WANS。本书编写过程中注重以下三个方面的培养:

（1）分析能力:能够理解 LAN、MAN、WAN 和 VPN 的基本功能;根据网络应用要求,绘制不同的网络拓扑图（总线型、环形、星形、层次型、网状等）,进行 IP 地址规划,合理使用子网掩码;使用命令行接口进行网络问题的判断和解决。

（2）设计能力:能够应用 OSI 模型概念,描述组网过程及每一层的功能,使得读者通过本书的学习,具备对各种网络结构适用性的判断能力和相应网络设备的选择能力;初步具有根据需求设计网络、管理网络的能力。

（3）创新能力:在了解网络技术发展现状的前提下,培养学生的研究兴趣,明确今后研究的方向和方法。

本书语言简洁,结构清晰,内容全面,实用价值高,既包括了网络工程各种技术及相关解决方案,因此可作为高职高专教材;同时又提供了大量实例和实施经验与技巧,具有很强的指导性和借鉴价值。各章内容如下:

第 1 章主要介绍网络工程的基础部份,包括计算机网络的体系结构、和网络协议以及国内外网络运营商与网络设备供应商的相关情况。

第 2 章主要介绍网络工程辅助学习的仿真工具软件,包括 Packet Tracer、Boson Netsim、eNSP、GNS3。

第 3 章主要介绍交换机的相关技术配置,包括启动配置、端口配置、VTP、VLAN 相关技术配置等。

第 4 章主要介绍路由器的相关技术配置,包括启动配置、静态路由、RIP、OSPF 动态路由等。

第 5 章主要介绍网络互联基础,包括广域网协议 PPP 相关配置以及帧中继动态映射配置等。

第 6 章主要介绍网络安全技术配置,包括 ACL 基础、标准 ACL、扩展型 ACL 相关基础配置与应用配置。

第 7 章主要局域网访问广域网技术配置,包括静态 NAT、动态 NAT、NAT 过载配置等。

本书第 1 章、第 7 章由长江师范学院计算机工程学院教师罗跃国编写;第 2 章由重庆电子工程职业学院教师武春岭编写;第 3 章至第 6 章由重庆电子工程职业学院教师梁雪梅编写并负责全书的统稿。在本书的编写过程中,重庆电子工程职业学院李治国、唐乾林、赵怡、周璐璐、雷轶鸣老师,重庆城市管理职业学院教师李芳,重庆安全技术职业学院教师谭劲松以及重庆皓大通信技术有限公司工程师付松涛等也参与了部分内容的撰写工作。本书还得到了西南交通大学出版社的大力支持与帮助。此外，本书部分内容来自互联网，在此一并致以衷心的感谢！

本书在组织规划的过程中，遵循以下几个基本原则：

（1）体现就业为导向、产学结合的发展道路。按企业需要、按岗位需求来对组织本书内容。既能反映网络工程与组网技术的发展趋势，又结合当前热门的信息安全领域。

（2）采用基础理论引导、仿真案例展开的编写模式。打破传统以知识点为核心的框架，更多地考虑零基础读者接受知识上的需求，实现本书内容与实际工作的高仿真对接，真正以培养技术技能型人才为核心。

（3）专家和教师共建团队，优化编写队伍。由来自计算机网络、通信领域的行业专家、院校教师、企业技术人员组成编写队伍，跨区域、跨学校进行交叉研究、协调推进，把握行业发展和创新发展方向。

（4）开发多种课程教学资源。开发补充性、更新性和延伸性辅助资料，开发网络课程、虚拟仿真实训平台、工作过程模拟软件、通用主题素材库以及名师讲义等多种形式的数字化学习资源。

由于编者水平有限，同时网络工程和组网技术更新很快，本书难于覆盖网络工程和组网技术的所有精华，在编写过程中错误和疏漏之处在所难免，望读者和各位专家批评指教。

编　者

2017 年 6 月 1 日

目 录

1 网络工程基础部分 1
  1.1 计算机网络体系结构的基本概念 1
  1.2 国内知名网络运营商 9
  1.3 国内外知名网络设备供应商 14
2 仿真软件学习 18
  2.1 Packet Tracer 的介绍 18
  2.2 Boson Netsim 介绍 25
  2.3 eNSP 介绍 31
  2.4 GNS3 介绍 36
3 网络配置基础 46
  3.1 实例——熟悉物理设备及其连接 46
  3.2 实例——交换机的启动配置 52
  3.3 实例——交换机基础配置与管理 55
  3.4 实例——交换机端口配置与管理 60
  3.5 实例——交换机 VLAN 配置 62
  3.6 实例——VLAN 中继端口 66
  3.7 实例——交换机 VTP 配置 71
  3.8 实例——三层交换机配置与管理 83
  3.9 实例——生成树 STP 配置与管理 90
4 网络路由配置 97
  4.1 实例——熟悉物理设备及其连接 97
  4.2 实例——路由器基础配置与口令恢复 105
  4.3 实例——路由器静态路由配置 110
  4.4 实例——动态路由协议 RIP 配置 119
  4.5 实例——动态路由协议 OSPF 的单区域配置 128
  4.6 实例——动态路由协议 OSPF 的多区域配置 137
  4.7 实例——动态路由协议 OSPF 的虚连接配置 140
5 网络互联 144
  5.1 实例——广域网协议 PPP 配置 151
  5.2 实例——PPP 协议 CHAP 认证配置 155

5.3 实例——帧中继动态映射 ································· 156
6 网络安全技术——防火墙 ······································ 163
  6.1 实例——标准型访问控制列表配置 ···················· 166
  6.2 实例——扩展型访问控制列表配置 ···················· 171
  6.3 实例——命名型访问控制列表配置 ···················· 177
  6.4 实例——反向访问控制列表配置 ······················· 181
  6.5 实例——基于 ACL 对 Ping 数据流控制 ············· 185
  6.6 实例——基于时间访问控制列表 ······················· 193
7 局域网访问广域网 ·· 197
  7.1 NAT 的基本知识 ··· 197
  7.2 实例——静态 NAT 之正向配置 ························· 199
  7.3 实例——静态 NAT 之反向配置 ························· 203
  7.4 实例——动态 NAT 配置 ··································· 205
  7.5 实例——NAT 过载配置 ···································· 208

参考文献 ··· 213

1 网络工程基础部分

1.1 计算机网络体系结构的基本概念

计算机网络,是指将地理位置不同的具有独立功能的多台计算机及其外部设备,通过通信线路连接起来,在网络操作系统、网络管理软件及网络通信协议的管理和协调下,实现资源共享和信息传递的计算机系统的集合。

一个完整的计算机网络需要有一套复杂的协议集合,组织复杂的计算机网络协议的最好方式就是层次模型。而将计算机网络层次模型和各层协议的集合定义为计算机网络体系结构(Network Architecture)。

因此通常所说的计算机网络体系结构,即指在世界范围内统一协议,制定软件标准和硬件标准,并将计算机网络及其部件所应完成的功能精确定义,从而使不同的计算机能够在相同功能中进行信息对接。

1.1.1 OSI/RM 七层模型组成与功能

由上可知,计算机网络就是通过线路把各种计算机设备、网络设备进行互联,实现资源共享和信息传递。由于各个生产厂家产品的编码以及规范不一致,导致互联时出现很多问题。OSI(Open Source Initiative,又译作开放源代码促进会、开放原始码组织)是一个旨在推动开源软件发展的非盈利组织。它提出了一个网络系统互联模型——OSI 参考模型(OSI/RM,Open System Interconnection Reference Model,全称是开放系统互联参考模型)。这个模型提供分析、评判各种网络技术的依据,揭开了网络的神秘面纱,让其有理可依,有据可循,如图 1-1 所示。

建立七层模型(OSI 模型)的主要目的是解决异种网络互联时所遇到的兼容性问题。它的最大优点是将服务、接口和协议这三个概念明确地区分开来:服务说明某一层协议为上一层提供一些什么功能,接口说明上一层协议如何使用下层的服务,而协议本身涉及如何实现本层的服务。这样各层之间具有很强的独立性,互联网络中各实体采用什么样的协议是没有限制的,只要向上提供相同的服务并且不改变相邻

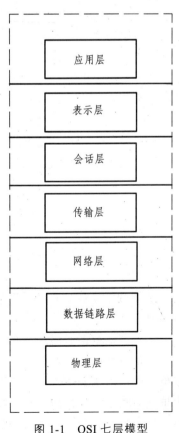

图 1-1 OSI 七层模型

层的接口就可以了。七层网络协议的划分也是为了使网络的不同功能模块（不同层次）分担起不同的职责，从而带来以下好处：① 减轻问题的复杂程度，一旦网络发生故障，可迅速定位故障所处层次，便于查找和纠错；② 在各层分别定义标准接口，使具备相同对等层的不同网络设备能实现互操作，且各层之间则相对独立，一种高层协议可放在多种低层协议上运行；③ 能有效刺激网络技术革新，因为每次更新都可以在小范围内进行，不需对整个网络动"大手术"；④ 便于研究和教学。

网络分层体现了在许多工程设计中都具有的结构化思想，是一种合理的划分。

1．物理层

物理层是 OSI 的第一层，它虽然处于最底层，却是整个开放系统的基础。物理层为设备之间的数据通信提供传输媒体及互联设备，为数据传输提供可靠的环境。

物理层的主要功能有：

（1）为数据端设备提供传送数据的通路。数据通路可以是一个物理媒体，也可以由多个物理媒体连接而成。一次完整的数据传输包括激活物理连接、传送数据、终止物理连接。所谓激活，就是不管有多少物理媒体参与，都要将通信的两个数据终端设备连接起来，形成一条通路。

（2）传输数据。物理层要形成适合数据传输需要的实体，为数据传送服务：① 要保证数据能在其上正确通过，② 要提供足够的带宽（每秒钟内能通过的比特数），以减少信道上的拥塞。传输数据的方式能满足点到点，一点到多点，串行或并行，半双工或全双工，同步或异步传输的需要。

物理层的主要设备：中继器、集线器。

产品代表：TP-LINK TL-HP8MU 集线器，如图 1-2 所示。

图 1-2　TP-LINK TL-HP8MU 集线器

2．数据链路层

数据链路层是 OSI 的第二层，上一层（物理层）要为终端设备间的数据通信提供传输媒体及其连接。媒体是长期的，连接是有生存期的。在连接生存期内，收发两端可以进行不等的一次或多次数据通信。每次通信都要经过建立通信联络和拆除通信联络两个过程。这种建立起来的数据收发关系就叫做数据链路。而在物理媒体上传输的数据难免受到各种不可靠因素的影响而产生差错，为了弥补物理层上的不足，为上层提供无差错的数据传输，链路层就要能对数据进行检错和纠错。数据链路的建立、拆除，对数据的检错、纠错是数据链路层的基本任务。在这一层，数据的单位称为帧（frame）。

数据链路层的主要功能有：

（1）链路连接的建立、拆除、分离。

（2）帧定界和帧同步。链路层的数据传输单元是帧，协议不同，帧的长短和界面也有差别，但无论如何必须对帧进行定界。

（3）顺序控制，指对帧的收发顺序的控制。

（4）差错检测和恢复，还有链路标识、流量控制等。差错检测多用方阵码校验和循环码校验来检测信道上数据的误码，而帧丢失等用序号检测。各种错误的恢复则常靠反馈重发技术来完成。

数据链路层协议的代表包括：SDLC、HDLC、PPP、STP、帧中继等。

数据链路层的主要设备：二层交换机、网桥。

产品代表：D-Link DES-1024D，如图 1-3 所示。

图 1-3　D-Link DES-1024D

3．网络层

网络层的产生是网络发展的结果。在联机系统和线路交换的环境中，网络层的功能没有太大意义。当数据终端增多时，它们之间有中继设备相连，此时会出现一台终端要求不只是与唯一的一台而是和多台终端通信的情况，这就产生了把任意两台数据终端设备的数据链接起来的问题，也就是路由或者叫寻径。另外，当一条物理信道建立之后，若仅被一对用户使用，往往有许多空闲时间被浪费掉。为了让多对用户共用一条链路，于是出现了逻辑信道技术和虚拟电路技术。

在计算机网络中进行通信的两个计算机之间可能会经过很多个数据链路，也可能还要经过很多通信子网。网络层的任务就是选择合适的网间路由和交换结点，确保数据及时传送。网络层将数据链路层提供的帧组成数据包，包中封装有网络层包头，其中含有逻辑地址信息——源站点和目的站点地址的网络地址。在这一层，数据的单位称为数据包（packet）。

网络层主要功能有：

（1）路由选择和中继。

（2）激活、终止网络连接。

（3）在一条数据链路上复用多条网络连接，多采取分时复用技术。

（4）差错检测与恢复。

（5）排序，流量控制。

（6）服务选择。

（7）网络管理。

网络层协议的代表包括：IP、IPX、RIP、OSPF 等。

网络层的主要设备：路由器、网关。

产品代表：TP-LINK TL-R4148，如图 1-4 所示。

图 1-4　TP-LINK TL-R4148

4．传输层

传输层是两台计算机通过网络进行数据通信时，第一个端到端的层次，具有缓冲作用。当网络层服务质量不能满足要求时，它将服务加以提高，以满足高层的要求；当网络层服务质量较好时，它只用做很少的工作。传输层还可进行复用，即在一个网络连接上创建多个逻辑连接。传输层也称为运输层，只存在于端开放系统中，介于低 3 层通信子网系统和高 3 层之间，是很重要的一层。因为它是源端到目的端对数据传送进行控制从低到高的最后这一层。在会话层及以上的高层次中，数据传送的单位不再另外命名，统称为报文。会话层不参与具体的传输，它提供包括访问验证和会话管理在内的建立和维护应用之间通信的机制，如服务器验证用户登录便是由会话层完成的。

此外传输层还要具备差错恢复、流量控制等功能，以此对会话层屏蔽通信子网在这些方面的细节与差异。传输层面对的数据对象已不是网络地址和主机地址，而是与会话层的界面端口。上述功能的最终目的是为会话提供可靠的、无误的数据传输。传输层的服务一般要经历传输连接建立阶段，数据传送阶段，传输连接释放阶段才算完成一个完整的服务过程。而在数据传送阶段又分为一般数据传送和加速数据传送两种。传输层服务分成 5 种类型，基本可以满足对传送质量、传送速度、传送费用的各种不同需要。

这一层的数据单元也称作数据包（packets）。但是，当你谈论传输层中 TCP 等具体的协议时又有特殊的叫法：TCP 的数据单元称为段（segments），而 UDP 协议的数据单元称为数据报（datagrams）。这个层负责获取全部信息，因此它必须跟踪数据单元碎片、乱序到达的数据包和其他在传输过程中可能发生的危险。第四层为上层提供端到端（最终用户到最终用户）的透明的、可靠的数据传输服务。所谓透明的传输是指在通信过程中传输层对上层屏蔽了通信传输系统的具体实现细节。

传输层协议的代表包括：TCP、UDP、SPX 等。

产品代表：NETGEAR GS748TS，如图 1-5 所示。

图 1-5　NETGEAR GS748TS

5．会话层

这一层也可以称为会晤层或对话层，在会话层及以上的高层次中，数据传送的单位不再另外命名，统称为报文。会话层不参与具体的传输，它提供包括访问验证和会话管理在内的建立和维护应用之间通信的机制，如服务器验证用户登录便是由会话层完成的。

会话层提供的服务可使应用建立和会话维持，并能使会话获得同步。会话层使用校验点可使通信会话在通信失效时从校验点恢复通信。这种能力对于传送大数据量的文件极为重要。会话层、表示层、应用层构成开放系统的高 3 层，面对应用进程提供分布处理、对话管理、信息表示、恢复最后的差错等服务。会话层同样要响应应用进程服务要求，对于运输层不能完成的那部分工作，会话层需要弥补运输层的功能缺陷。会话层主要的功能是对话管理，数据流同步和重新同步，要完成这些功能，需要大量的服务单元功能组合，其中已经制定的功能单元有几十种。

会话层包含三个方面的内容，其主要功能如下：

（1）为会话实体间建立连接。为了给两个对等会话服务用户建立一个会话连接，应该做如下几项工作：

① 将会话地址映射为运输地址。

② 选择需要的运输服务质量参数（QOS）。

③ 对会话参数进行协商。

④ 识别各个会话连接。

⑤ 传送有限的透明用户数据。

（2）数据传输阶段。

这个阶段是在两个会话用户之间实现有组织的、同步的数据传输。用户数据单元为 SSDU，而协议数据单元为 SPDU。会话用户之间的数据传送过程是将 SSDU 转变成 SPDU 进行的。

（3）连接释放

连接释放是通过"有序释放""废弃""有限量透明用户数据传送"等功能单元来释放会话连接的。会话层标准为了使会话连接建立阶段能进行功能协商，也为了便于其他国际标准参考和引用，定义了 12 种功能单元。各个系统可根据自身情况和需要，以核心功能服务单元为基础，选配其他功能单元组成合理的会话服务子集。

6．表示层

这一层主要解决用户信息的语法表示问题。它将欲交换的数据从适合于某一用户的抽象语法，转换为适合于 OSI 系统内部使用的传送语法，即提供格式化的表示和转换数据服务。例如数据的压缩和解压缩，加密和解密等工作都由表示层负责，又如图像格式的显示，就是由位于表示层的协议来支持。

表示层的作用之一是为异种机通信提供一种公共语言，以便能进行互操作。这种类型的服务之所以需要，是因为不同的计算机体系结构使用的数据表示法不同。例如，IBM 主机使用 EBCDIC 编码，而大部分 PC 机使用的是 ASCII 码。在这种情况下，便需要会话层来完成这种转换。通过前面的介绍可以看出，会话层以下 5 层完成了端到端的数据传送，并且是可靠、无差错的传送。但是数据传送只是手段而不是目的，最终是要实现对数据的使用。由于各种系统对数据的定义并不完全相同，最易明白的例子是键盘，其上的某些键的含义在许多系统中都有差异，这自然给利用不同系统的数据交流造成了障碍。表示层和应用层就担负了消除这种障碍的任务。

对于用户数据来说，可以从两个侧面来分析，一个是数据含义（被称为语义），另一个是数据的表示形式（称作语法）。像文字、图形、声音、文种、压缩、加密等都属于语法范畴。表示层设计了 3 类 15 种功能单位，其中上下文管理功能单位就是沟通用户间的数据编码规则，以便双方有一致的数据形式，能够互相认识。

7．应用层

应用层为操作系统或网络应用程序提供访问网络服务的接口。应用层协议的代表包括：Telnet、FTP、HTTP、SNMP 等。

通过 OSI 层，信息可以从一台计算机的软件应用程序传输到另一台的应用程序上。例如，计算机 A 上的应用程序要将信息发送到计算机 B 的应用程序，则计算机 A 中的应用程序需要将信息先发送到其应用层（第七层），然后此层将信息发送到表示层（第六层），表示层将数据转送到会话层（第五层），如此继续，直至物理层（第一层）。在物理层，数据被放置在物理网络媒介中并被发送至计算机 B。计算机 B 的物理层接收来自物理媒介的数据，然后将信息向上发送至数据链路层（第二层），数据链路层再转送给网络层，依次继续直到信息到达计算机 B 的应用层（第七层）。最后，计算机 B 的应用层再将信息传送给应用程序接收端，从而完成通信过程。图 1-6 所示说明了这一过程。

应用层向应用程序提供服务，这些服务按其向应用程序提供的特性分成组，称为服务元素。有些可为多种应用程序共同使用，有些则为较少的一类应用程序使用。应用层是开放系统的最高层，是直接为应用进程提供服务的，其作用是在实现多个系统应用进程相互通信的同时，完成一系列业务处理所需的服务。其服务元素分为两类：公共应用服务元素 CASE 和特定应用服务元素 SASE。CASE 提供最基本的服务，它为应用层中任何用户和任何服务元素提供服务，主要为应用进程通信，分布系统实现提供基本的控制机制。特定服务 SASE 则要满足一些特定服务，如文卷传送，访问管理，作业传送，银行事务，订单输入等。

上述这些服务将涉及虚拟终端，作业传送与操作，文卷传送及访问管理，远程数据库访问，图形核心系统，开放系统互联管理等。

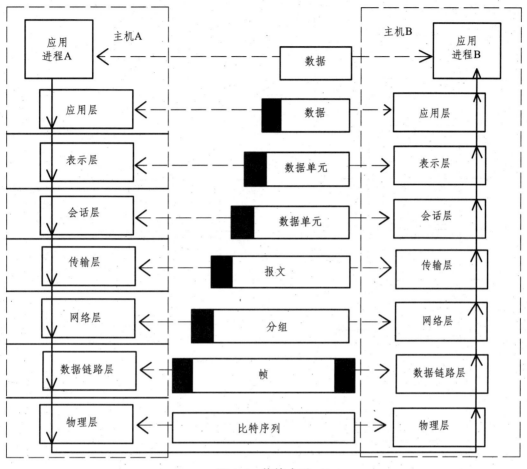

图 1-6 传输介质

从以上 OSI 七层的结构上可以看出,该模型结构异常的庞大,分层也比较复杂,与此对照,由技术人员自己开发的 TCP/IP 协议栈获得了更为广泛的应用。

1.1.2 TCP/IP 协议栈四层模型组成与特点

TCP/IP 协议栈并不完全符合 OSI 的七层参考模型。传统的开放式系统互联参考模型,是一种通信协议的 7 层抽象的参考模型,其中每一层执行某一特定任务。该模型的目的是使各种硬件在相同的层次上相互通信。而 TCP/IP 通讯协议采用了 4 层的层级结构,每一层都使用下一层所提供的网络服务来完成自己的功能需求。图 1-7 所示,是 TCP/IP 参考模型和 OSI 参考模型的对比示意图。

TCP/IP 协议栈是美国国防部高级研究计划局计算机网(Advanced Research Projects Agency Network,ARPANET)和其后继因特网使用的参考模型。TCP/IP 参考模型分为四个层次:应用层、传输层、网络互联层和主机-网络层,如图 1-8 所示。

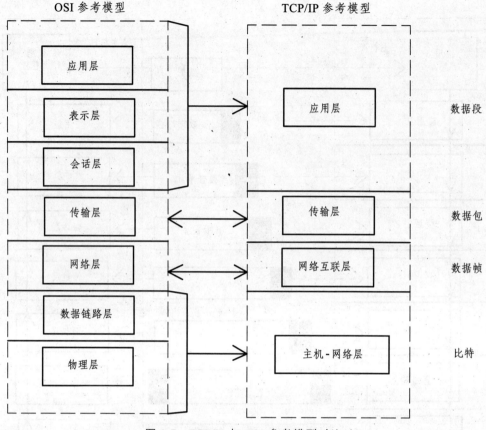

图 1-7 TCP/IP 与 OSI 参考模型对比

应用层	FTP、TELNET、HTTP		SNMP、TFTP、NTP
传输层	TCP		UDP
网络互联层	IP		
主机-网络层	以太网	802.2	HDLC、PPP、FRAME-RELAY
	令牌环网	802.3	EIA/TIA-232、449、V.35、V.21

图 1-8 TCP/IP 参考模型的层次结构

在 TCP/IP 参考模型中，去掉了 OSI 参考模型中的会话层和表示层（这两层的功能被合并到应用层实现）。同时将 OSI 参考模型中的数据链路层和物理层合并为主机-网络层。下面分别介绍各层的主要功能。

1．主机-网络层

主机-网络层是 TCP/IP 参考模型的最底层，它负责发送和接收 IP 分组。TCP/IP 协议对主机-网络层并没有规定具体的协议，它采取开放的策略，允许使用广域网、局域网与城域网的各种协议。任何一种流行的底层传输协议都可以成为 TCP/IP 互联网络层接口。这体现了 TCP/IP 体系的开放性、兼容性的特点，也是 TCP/IP 得以应用的基础。由于这一层次未被定义，所以其具体的实现方法将随不同的网络类型变化。

2．网络互联层

TCP/IP 参考模型网络互联层使用的是 IP 协议。IP 是一种不可靠、无连接的数据报传输服务协议，它提供的是一种"尽力而为"的服务。网络互联层的协议数据单元是 IP 分组。

这一层的主要功能包括：① 处理来自传输层的数据发送请求。在接收到报文发送请求后，将传输层报文封装成 IP 分组，启动路由选择算法，选择适当的发送路径，并将分组转发到下一个节点。② 处理接收的分组。在接收到其他节点发送的 IP 分组后，检查目的 IP 地址，如果目的地址为本节点的 IP 地址，则除去分组头，将分组数据交送传输层管理；如果需要转发，则通过路由选择算法为分组选择下一跳节点的发送路径，并转发分组。③ 处理网络的路由选择、流量控制与拥塞控制。

3．传输层

在 TCP/IP 模型中，传输层的功能是使源端主机和目标端主机上的对等实体可以进行会话。传输层定义了两种服务质量不同的协议，即传输控制协议 TCP（Transmission Control Protocol）和用户数据报协议 UDP（User Datagram Protocol）。

TCP 协议是一个面向连接的、可靠的协议。它将一台主机发出的字节流无差错地发往互联网上的其他主机。在发送端，它负责把上层传送下来的字节流分成报文段并传递给下层。在接收端，它负责把收到的报文进行重组后递交给上层。TCP 协议还要处理端到端的流量控制，以避免缓慢接收的接收方没有足够的缓冲区接收发送方发送的大量数据。UDP 协议是一个不可靠的、无连接协议，主要适用于不需要对报文进行排序和流量控制的场合。

4．应用层

TCP/IP 模型将 OSI 参考模型中的会话层和表示层的功能合并到应用层实现。应用层面向不同的网络应用引入了不同的应用层协议。应用层协议主要有远程登录协议 TELNET，文件传输协议 FTP，简单邮件传输协议 SMTP，超文本传输协议 HTTP，域名服务协议 DNS，简单网络管理协议 SNMP，动态主机配置协议 DHCP 等。

1.2　国内知名网络运营商

网络运营商就是提供网络的服务商。在国内原本有六大基础网络运营商，分别是中国移动、中国联通、中国电信、中国网通、中国铁通以及中国卫通。原中国联通和中国网通合并为现在的中国联通，原铁通与中国移动合并为现在的中国移动，原联通的 CDMA 网与中国电信合并为现在的中国电信，从而形成了中国移动、中国联通、中国电信三足鼎立之势。国家在电信管理方面相当严格，只有拥有工信部颁发的运营执照的公司才能架设网络；而像华为、Cisco、中兴就属于网络设备生产商。

1. 中国电信

中国电信集团公司（简称"中国电信"）成立于 2000 年 5 月 17 日，注册资本 2204 亿元人民币，资产规模超过 6000 亿元人民币，年代入规模超过 3800 亿元人民币，是中国三大主导电信运营商之一。作为综合信息服务提供商，中国电信为客户提供包括移动通信、宽带互联网接入、信息化应用及固定电话等产品在内的综合信息解决方案。中国电信位列 2013 年度《财富》杂志全球 500 强企业第 182 位，多次被国际权威机构评选为亚洲最受尊敬企业、亚洲最佳管理公司等。

1）主要品牌

（1）天翼导航。"天翼领航"是中国电信面向除党、政、军及行业客户以外的企业客户群体的品牌，提供天翼领航通信版、信息版、行业版等系列应用。

（2）天翼 e 家。"天翼 e 家"是中国电信在天翼主品牌下为满足家庭日益多元化和个性化的通信及信息应用需求而打造的客户品牌，是从"我的 e 家"品牌发展而来。

（3）号码百事通。"号码百事通"是中国电信面向大众推出的综合信息服务业务品牌，以"知百事、通天下"为品牌核心内涵，努力打造国内领先的消费类搜索和服务的综合门户，为客户提供衣、食、住、用、行等日常生活相关的各种信息服务，在全国范围内为客户提供高效便捷的综合信息服务，让客户尽情享受信息新生活。

2）主要营销策略

（1）利用全业务运营商网络基础优势打造客户可识别、业务可感知的智能管道。

（2）提供高度融合、功能强大、公平开放的综合能力平台。

（3）做强自营核心应用产品，同时广泛与产业链的参与者合作，全力支持合作伙伴部署和经营其内容和应用。

（4）逐步建设统一认证、电子支付和移动定位等多种能力。

（5）积极引入云计算，建设部署云资源池，共同推进合作并打造共赢的产业链。

3）主要优势

（1）品牌优势。中国电信是国内历史最悠久，运营经验最丰富的电信运营商。中国电信也是最早开展宽带业务的电信运行商，已经拥有超过十年的宽带运营经验，技术成熟，服务到位。用户规模证明了电信宽带业务品质。

（2）应用优势。全国 90% 以上的个人和商业网站服务器都放在电信网络上，这就意味着电信宽带用户访问这些网站属于网内访问，速度快，时延最小，内容极其丰富。而其他运营商访问这些网站需要经过它自己的网络、再到电信网络转接，这中间还要经过与电信互联的网关，还要受限于互联网关的带宽。此外，中国电信专门为宽带用户打造了 IPTV（宽带互动电视），这是其它运营商无法提供的。

（3）网络优势。其一，经过多年的精心经营，中国电信宽带网成为全国最大、最先进的宽带互联网络，用户上网使用稳定，上网体验一流。其二，中国电信已经大规模部署了宽带无线网络，可以通过 WiFi、天翼 3G 网络实现有线 + 无线的全覆盖，用户可以随时随地接入电信宽带网。其三，电信的国内骨干网络带宽达到 1500 G，如此高的总带宽是其他竞争对手难以望其项背的。其四，中国电信拥有全国75%的互联网国际出口，可保证访问国外网站速度。

（4）接入技术优势。近几年来，中国电信大力开展光网，目前已经实现了大部分中小以上企业的光纤接入。而目前采用的GPON接入技术，不但接入带宽专用、专享，服务质量更有充分保证，上网高峰期不会拥塞，上时延小、跳点少，是其他运营商无法比拟的。

（5）服务优势。首先，中国电信有10年的宽带运营经验，专业的运维及服务队伍，可以高效、迅速地处理故障；其次，中国电信提供了全国统一的10000客户服务专线，提供7天×24小时在线服务。

4）主要劣势

（1）固定互联网信息业务虽起步较早但目前未形成有效的商业模式，内容应用收入规模小，以互联星空为主的互联网信息业务增长几乎停滞。

（2）资金短缺，在收购联通C网之后这个问题一直困扰着电信。

（3）移动互联网增值业务起步较晚，内容和应用渗透率相对较低，差异化应用尚未大规模推广。

（4）长期以来受业务制约的原因，销售渠道网络薄弱。

2．中国联通

中国联合网络通信集团有限公司（简称"中国联通"）于2009年1月6日在原中国网通和原中国联通的基础上合并组建而成，在国内31个省（自治区、直辖市）和境外多个国家和地区设有分支机构，是中国唯一一家在纽约、香港、上海三地同时上市的电信运营企业。

中国联通主要业务经营范围包括：GSM移动通信业务、WCDMA移动通信业务、固网通信业务（包括固定电话、宽带）、国内国际长途电话业务（接入号193）、批准范围的本地电话业务、数据通信业务、互联网业务（接入号16500）、IP电话业务（接入号17910/17911）、卫星通信业务、电信增值业务以及与主营业务有关的其他电信业务。

1）主要品牌

（1）沃（WO）。2009年4月28日，中国联合网络通信集团公司在京发布了全新业务品牌——"沃"。"沃"作为中国联通旗下所有业务的单一主品牌正式发布标志着中国联通全业务经营战略的启动。"沃"品牌作为中国联通企业品牌下的全业务品牌，分别面向大众、家庭、校园、商务四大客户群体建立了涵盖所有创新业务、服务的四大业务板块：沃4G+、智慧沃家、沃派、沃·商务，进一步丰富和完善了全业务品牌体系。

（2）如意通。"如意通"是中国联通移动电话预付费业务的品牌名称，是向社会公众提供移动通信服务的公用通信网。

（3）世界风。"世界风"是中国联通为了满足用户多样化的通信需求独家推出的一项全新移动通信服务。借助这项服务，仅使用一部双模手机就可在GSM、CDMA两种移动网之间自由切换，享受双网的服务。

（4）新势力。"新势力"是中国联通公司针对15~26岁的青少年群体推出的客户品牌，也是中国联通的第一个客户品牌。

（5）亲情1。"亲情1"是中国联通面向家庭用户推出的固定电话、宽带和移动业务G网，以及其增值服务的通信组合产品。

（6）宽带商务。"宽带商务——CU Connected"是中国联通面向商务客户的客户品牌，是从产品、服务等多层面为客户量身定做的解决方案。

2）主要营销策略

（1）推动物联网的发展。中国联通计划在超过5个城市启动基于900 MHz、1 800 MHz的NB-IoT外场规模组网试验及业务示范。在商用方面，中国联通计划今年底明年初推进重点城市的NB-IoT商用部署。中国联通将在上海多技术路径与模式探索物联专网建设，率先部署NB-IoT物联专网，支持上海智慧城市建设中的智能抄表、智能停车、环境监控、智能制造等应用创新，提升城市运营管理能力和效率。2017年将建成全市覆盖的物联专网，网络基站规模超过3000个，实现上亿规模"物"的连接能力。

（2）加快5G关键技术研究工作。2017年，完成5G无线、网络、传输及安全等关键技术研究，基于5G Open Lab完成5G实验室环境建设，联通将加快5G关键技术研究工作，基于网络现状以及运营需求，布局5G网络演进战略规划；推进5G网络架构及关键技术演进满足联通网络技术发展方向，推动相关技术及设备成熟，满足联通5G网络2020年商用目标；加强产业合作，深化联通在物联网和工业互联网方面的技术积累。

（3）继续发展大数据战略。通过三年来的建设运行，中国联通具备了业界公认的数据采集、海量数据处理能力、平台开放经验和优势。现在，正在努力打造全集团的一体化运营销售体系及大数据产品开发体系。中国联通大数据规划是2017年将达到6000个节点、220PB。未来的中国是一个超大规模的大数据市场，必定会培育出一批优秀的大数据云计算企业，在数据获取、存储、挖掘、分析、应用和运营方面会创造出新的技术、新的产品和新的模式。

3）主要优势

（1）公司成立较晚，所以采用较先进设备。

（2）联通WCDMA HSPA+网络，在美国，HSPA+被称为4G网络。该种网络最高速率可达到21 Mbits/s。

（3）拥有丰富的终端类型。

（4）采用低价策略，产品和业务性价比高。

4）主要劣势

（1）2G网络覆盖较差，信号质量不好。一直以来，联通给人的印象就是网络信号差，这一客户感知严重影响了其业务的发展。

（2）公司品牌形象和定位不清晰。

（3）网通和联通实力相当，融合后整合难度大，加上其用工人员构成复杂，长城网、国信通信等，如何协调各种群体的利害关系成为摆在新联通面前一个较为棘手的问题。

（4）固网区域小，联通的固网优势只限于北方区域，在南方区域网络资源较少，这也是联通的软肋之一。

3．中国移动

中国移动通信集团公司（简称"中国移动通信"）是根据国家关于电信体制改革的部署和要求，在原中国电信移动通信资产总体剥离的基础上组建的国有骨干企业，2000年4月20日成立，由中央直接管理。

1）主要品牌

（1）全球通。"全球通"是中国移动通信的旗舰品牌，知名度高，品牌形象稳健，拥有众多的高端客户。

（2）神州行。"神州行"是中国移动通信旗下客户规模最大、覆盖面积最广的品牌，也是我国移动通信市场上客户数量最大的品牌。

（3）动感地带。"动感地带——M-zone"是中国移动通信于2002年3月在对用户市场进行科学细分的基础上，以扩大用户基数为目的，为年轻时尚人群量身定制的移动通信客户品牌。

（4）和4G。2013年，中国移动发布了全新的商业主品牌"和"(and)，and意为a new dream。旗下有和阅读、咪咕音乐、和视频等新型业务，打造以新通话、新消息、新联系为特点的融合通信体系。

2）主要营销策略

（1）大力推动移动互联网、物联网、云计算发展，不断丰富移动应用，尤其是以建设无线城市为契机，推动社会信息化发展。

（2）实现GSM/TD网络优势互补，促进协调发展，充分利用WLAN作为宽带业务的补充手段。

（3）统一客户接触和受理，统一开通协调调度，面向客户统一管理资源，统一计费、营帐。

3）主要优势

（1）到目前为止，基站总数超过204万个，客户总数近8亿户，是全球网络规模、客户规模最大的移动通信运营商。

（2）中国移动4G采用的是TD-LTE网络，它是比我们现在用的3G网络有着更大带宽、更高速率的下一代移动通信网络。中国移动使用的是TDD。简单的说，TD-SCDMA相当于3G，而TD-LTE相当于4G，和3G相比，LTE的特点可用"多""快""好""省"来概括。

① 业务种类"多"：LTE不仅能够支持2G/3G网络下的话音、短信、彩信；同时还能够支持高清视频会议、实时视频监控、视频调度等高带宽实时性业务。不仅能够满足个人用户上网冲浪的需求，还能够满足集团客户视频、高清业务的需求。例如，借助高清即摄即传业务，在突发事件时，能够实现快速的现场报道；并且借助高清视频监控，调取现场周边信息，了解现场第一情况；同时，借助高清视频会议系统，后方指挥与前方人员实现现场高清视频会议，快速掌握第一手资料，及时有效地处理突发事故。

② 上网速度"快"：LTE峰值速率能达到百兆以上，是目前3G速度的5倍多。同样下载一部1GB的高清电影，使用3G网络最快需要接近7 min，而使用LTE网络，不到1 min 30 s。

如果将载波聚合新技术应用到 LTE 中，就是把多个频率同时分给一个手机同时用，实现手机上网速度的成倍提高，那上网速度就更快了，一部 1GB 的高清电影 40 s 内就能完成下载。

③ 用户感知"好"：LTE 网络时延比 3G 网络一半还要低，对于在线游戏、视频实时传送等这些实时性要求高的业务感知特别好；LTE 还有一个永远在线的特点，用户只要开机就会进入网络连接状态，真正实现随时随地上网；LTE 在用户高速移动情况下，连接性保持好，用户在高铁上通过 LTE 网络可以实现网上冲浪。

④ 频谱资源"省"：和 3G 相比，在组网频宽上，LTE 可以用 1.4、3、5、10、15、20 Mhz 六种频宽进行组网，频谱利用率要高于 3G，能更好的利用目前非常宝贵的频率资源。

4）主要劣势

（1）全业务综合服务提供能力不足，有线及城域管线资源有限。
（2）互联网信息资源不足，出口带宽不足，客户认知度不高。
（3）TD-SCDMA 成熟度急待提高，与其他 3G 标准相比差距较大。
（4）集团、家庭客户解决方案提供能力不足。

4．广电

工信部于 2016 年 5 月 5 日向中国广播电视网络有限公司颁发了《基础电信业务经营许可证》，批准中国广播电视网络有限公司在全国范围内经营互联网国内数据传送业务、国内通信设施服务业务，并允许中国广播电视网络有限公司授权其控股子公司中国有线电视网络有限公司在全国范围内经营上述两项基础电信业务。这也意味着，中国广电成为继移动、联通、电信后，中国第四大基础电信运营商。

据工信部公告显示，为全面推广三网融合工作，进一步扩大电信、广电业务双向进入的深度和广度，促进市场竞争，依中国广播电视网络有限公司申请，工业和信息化部履行法定程序，允许该公司授权其控股子公司中国有线电视网络有限公司在全国范围内经营上述两项基础电信业务。

电信专家也表示："广电网络需要解决全国有线电视网络的'全程全网'问题，全国有线电视网络的双向改造问题，广播、视频内容的运营问题，以及从垄断的事业性机构向竞争性企业转变的问题？"只有解决了这些问题，广电网络才能在现有业务中具有较强的竞争力，而广电网络获得这些基础电信业务牌照，就是围绕这个展开的。作为广电行业的国家队与翘楚企业，中国广电手握的 700 MHz 频段是适用于移动通信的黄金频段，但中国广电的网络改造，仍不可避免地需要大量的资金和时间投入，所以业内分析人士表示，即便拿到牌照许可也不会很快参与竞争。

1.3　国内外知名网络设备供应商

得益于国家对信息化建设的大力投入，国内网络市场非常繁荣，目前市场中有着数量众多的网络设备提供商，常见的厂商包括：思科（Cisco）、华三通信（H3C）、Force 10、博科

（Brocade）、Exterme、HP Procuve、华为、中兴、迈普、博达、神州数码、锐捷、D-Link、TP-LINK、联想、NetGear、华硕、TCL、腾达、金星等。

1. 思科（Cisco）

网络通信业龙头老大思科作为一家传统的网络通信产品供应商，占据了全球60%以上的网络设备份额，其产品做工精良、运行稳定，在网设备最长记录为12年，是当之无愧的网络通信老大。优势：全球第一批网络厂商，和施乐、3COM等以太网始祖为同一时代公司，技术积累深厚，对行业理解深刻，引领技术潮流，产品技术过硬；劣势：在国内不提供原厂服务（在北美和欧洲都是提供原厂服务），全部依靠渠道完成服务交付；设备价格高，基本为国内最高价格，性价比不足。

2. 瞻博网络 （Juniper）

JuniperNetworks（台湾公司名称：瞻博网络），在47个国家拥有办事处，超过9 000名员工，客户包括全球排名前130名的服务提供商，财富100强中的96家企业、数百个公共部门机构；主要供应IP网络及资讯安全解决方案。JuniperNetworks与易利信、朗讯及西门子共同合作开发IP/MPLS网络解决方案以提供给客户。

Juniper为思科部分员工离开后创办的网络通信公司，具有良好的市场口碑和技术品牌，在行业内突出的产品不是其网络设备而是安全设备，号称全球技术最先进，其实Juniper的网络产品在全球骨干都拥有非常大的份额，约35%的骨干路由器为Juniper提供，国内很多厂家也通过OEM方式销售Juniper路由器，其交换机产品线为新推出，正在加强对企业网的投入，意图获取更多份额。优势：良好的技术品牌和口碑，相对而言，产品线较全；劣势：在国内没有原厂服务，国内渠道资源不足，在产品及服务交付方面存在较大缺陷。

3. 华三通信（H3C）

杭州华三通信技术有限公司（简称H3C），致力于IP技术与产品的研究、开发、生产、销售及服务。目前H3C在中国的交换机和企业级路由器（高中低端）市场份额排名第一，提供下一代数据中心、泛联网和多媒体通信为核心的三大解决方案，并得到广泛应用。H3C前身为华为和3COM合资公司，主打企业网网络通信，主推企业网解决方案，其企业网建设理念IToIP经过多年实践，逐步完善并被客户接受，被后续厂商所追随，其产品紧紧围绕企业网应用，对行业理解深刻，产品满足度高，相比上述两家，产品线的完整性、产品稳定性可靠性与思科媲美，提供覆盖全国的服务网络和完善的备件体系，在国内用户具有良好的口碑，在政府、公共事业、大企业、运营商等都拥有大量应用案例，占据国内企业网市场的40%的第一份额，是思科在国内的最大竞争对手。优势：产品线齐全，解决方案丰富，产品对企业网需求满足度高，为客户提供原厂服务，设备性价比非常高，在政府行业市场占有率70%以上；劣势：相比其他国内厂商，价格稍高。

4. 华为

华为技术有限公司是一家生产销售通信设备的民营通信科技公司，于1987年正式注册成立，总部位于中国深圳市龙岗区坂田华为基地。技术方面华为是全球领先的信息与通信技术（ICT）解决方案供应商，专注于ICT领域，坚持稳健经营、持续创新、开放合作，在电信运营商、企业、终端和云计算等领域构筑了端到端的解决方案优势,为运营商客户、企业客户和消费者提供有竞争力的 ICT 解决方案、产品和服务,并致力于推动未来信息社会、构建更美好的全联接世界。2013 年,华为首超全球第一大电信设备商爱立信,排名《财富》世界 500 强第 315 位。截至 2016 年底,华为有 17 万多名员工,华为的产品和解决方案已经应用于全球 170 多个国家,服务全球运营商 50 强中的 45 家及全球 1/3 的人口。2016 年 8 月,全国工商联发布"2016 中国民营企业 500 强"榜单,华为以 3950.09 亿元的年营业收入成为 500 强榜首。

5. 中兴通讯

中兴通讯是全球领先的综合通信解决方案提供商。公司成立于 1985 年,是在香港和深圳两地上市的大型通讯设备公众公司。公司通过为全球 160 多个国家和地区的电信运营商和企业网客户提供创新技术与产品解决方案,让全世界用户享有语音、数据、多媒体、无线宽带等全方位沟通。

中兴通讯拥有通信业界完整的、端到端的产品线和融合解决方案,通过全系列的无线、有线、业务、终端产品和专业通信服务,灵活满足全球不同运营商和企业网客户的差异化需求以及快速创新的追求。2014 年,中兴通讯启动 M-ICT 万物移动互联战略,聚焦"运营商市场深度经营,政企价值市场,消费者市场融合创新"三大领域,并布局"新兴蓝海业务"。2016 年,中兴通讯实现营业收入 1012.3 亿元人民币,持续加大 5G/4G、芯片、云计算、大数据、大视频、物联网等新兴技术的研发力度。目前,中兴通讯已全面服务于全球主流运营商及企业网客户,智能终端发货量位居美国前四,并被誉为"智慧城市的标杆企业"。

中兴通讯坚持以持续技术创新为客户不断创造价值。公司在美国、法国、瑞典、印度、中国等地共设有 20 个全球研发机构,3 万余名国内外研发人员专注于行业技术创新。2016 年,中兴通讯 PCT 国际专利申请三度夺冠,并以 19 亿美元年度研发投入位居全球创新企业 70 强与全球 ICT 企业 50 强。

6. 迈普、博达、神州数码、锐捷

迈普、博达、神州数码、锐捷,具备相对比较完善的低端产品线,高端产品都为 OEM(Original Equipment Manufacturer,原始设备生产商),一些著名的品牌硬件商品制造商,常常因为自己的厂房不能达到大批量生产的要求,又或者需要某些特定的零件,因此向其他厂商求助,这些伸出援手的厂商就被称为 OEM。其中迈普和博达主要为自研产品,迈普自研的低端路由器在金融网点等低端应用场景具备较大优势,博达自研低端交换机在金融末端接入具备较大优势,而神州数码和锐捷则是具备自研和 OEM 双产品线,神州数码自研低端交换机外加 OEM 思科低端路由器和高端交换机充实自身产品,而锐捷则采用自研交换机、OEM 瞻博网络(Juniper)的路由器为其高端产品推向市场,神州数码和锐捷在教育市场(普教、中职等)拥有一定接入市场份额。

上述四家厂商基本都能提供较丰富的低端网络产品,价格都非常便宜,能提供基本的本地服务,但四家产品质量较差,故障率较高,维护难度大,厂商响应慢等问题,只适合低端接入,在省级和地市骨干网络中不推荐使用。

7. Force 10、博科、Exterme、HP Procuve

Force 10、博科、Exterme、HP Procuve 等网络厂商全部来自国外，进入中国市场较晚（Extreme 在早年退出国内市场），大都集中在服务器连接领域，主要与服务器厂商捆绑实现产品销售，像 Force 10 在国内主要与曙光、浪潮等服务器厂商绑定销售，博科主要与其自身的存储系统一起销售，Extreme 主要通过渠道低价推广，Procuve 主要通过 HP 绑定服务器销售，这些设备厂商一般通过国内服务器厂商实现销售，价格因项目不同而不同，基本通过服务器厂商提供服务，受限制比较多，服务响应很慢。

8. K、TP-LINK、联想、NetGear、华硕、TCL、腾达、金星

K、TP-LINK、联想、NetGear、华硕、TCL、腾达、金星上述这些厂商大多集中在家用领域，比较出名的是 D-Link 和 TP-LINK，产品型号较少，无法提供企业网解决方案，通常也不提供原厂产品服务，是商业市场上的水军，没有完善的研发体系，也没有售后服务体系，主拼低成本家用连接。

2 仿真软件学习

2.1 Packet Tracer 的介绍

Cisco Packet Tracer 是由思科公司发布的一个辅助学习工具,为学习思科网络课程的初学者去设计、配置、排除网络故障提供了网络模拟环境。用户可以在软件的图形用户界面上直接使用拖曳方法建立网络拓扑,并提供数据包在网络中行进的详细处理过程,观察网络实时运行情况。Packet Tracer 可以弥补在有限的物理设备条件下进行创建网络的实践需求。

2.1.1 Packet Tracer 的界面认识

当启动软件时,随之出现欢迎界面如图 2-1 所示,以及主界面窗口,如图 2-2 所示。下面通过表 2-1 所示分别介绍主界面窗口的各个功能部件。

图 2-1 Packet trace 欢迎界面

2 仿真软件学习

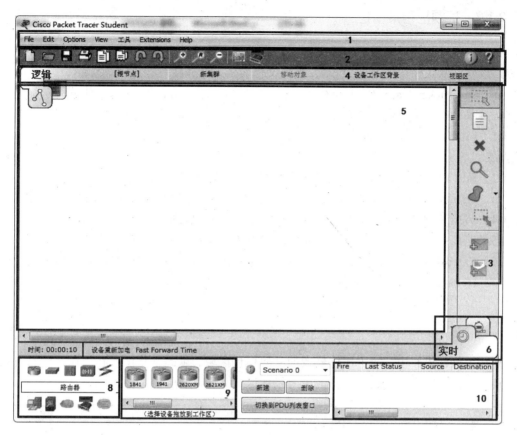

图 2-2 Packet Tracer 主界面

表 2-1 主要工具栏

编号	工具栏名称	功 能
1	菜单栏	此栏中有文件、选项和帮助按钮,我们在此可以找到一些基本的命令如打开、保存、打印和选项设置,还可以访问活动向导
2	主工具栏	此栏提供了文件按钮中命令的快捷方式,我们还可以点击右边的网络信息按钮,为当前网络添加说明信息
3	常用工具栏	此栏提供了常用的工作区工具包括:选择、整体移动,备注、删除、查看、添加简单数据包和添加复杂数数据包等
4	逻辑/物理工作区转换栏	我们可以通过此栏中的按钮完成逻辑工作区和物理工作区之间转换
5	工作区	此区域中我们可以创建网络拓扑,监视模拟过程查看各种信息和统计效果
6	实时/模拟转换栏	我们可以通过此栏中的按钮完成实时模式和模拟模式之间的转换
7	网络设备库	该库包括设备类型库和特定设备库
8	设备类型库	该库包含不同类型的设备,如路由器、交换机、HUB、无线设备、连线、终端设备和网云等
9	特定设备库	该库包含不同设备类型中不同型号的设备,它随着设备类型库的选择级联显示
10	用户数据包窗口	次窗口管理用户添加的数据包

19

2.1.2 标题栏与菜单栏

在整个窗口的顶部显示的一串文字,首先是该软件的名字,后面是当前操作文件保存的路径,该软件默认保存扩展名为.pkt,当前文件名为 test.pkt。

Cisco Packet Tracer Student-C:\Users\Administrator\Desktop\test.pkt,如下所示标题栏的下方就是菜单栏,菜单栏一共有 7 个部分:

(1) File(文件):此选项主要的功能是新建文件、打开文件、保存文件格式为.pkt 以及.pkz。

(2) Edit(编辑):此选项主要功能是拷贝、粘贴、撤销、重做。

(3) Option(选项):此选项主要功能是选择软件的主属性以及用户资料。

(4) View(视图):此选项里面主要的功能是对工作区图形的缩放控制。

(5) 工具:此选项里面主要的功能是增加对工作区绘制拓扑图的外观效果。

(6) Extensions(扩展):此选项的主要功能是提供实验环境的更多功能选择。

(7) Help(帮助):提供帮助。

2.1.3 工作区

在整个软件界面中,所占比例最大的一块白色区域,就是工作区。在工作区的右方有一列工具图标,这两部分构成了工作的主要操作区,如图 2-3 所示。

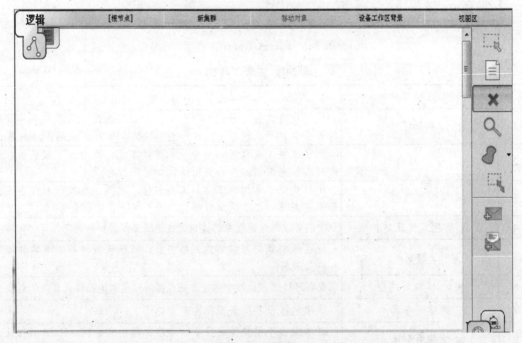

图 2-3 工作区窗口

右方的常用工具图标分别是:选中对象、添加注释、删除设备及线路、查看设备相关属性、添加绘图效果、缩放拓扑图、增加数据流量控制、增加复杂数据流量控制。

2.1.4 设备区

在工作区的左下角开始的区域就是设备区，这里有许多种类的硬件设备，从左至右依次为路由器、交换机、集线器、无线设备、设备之间的连线、终端设备、仿真广域网、自定义设备（custom made devices）。右边的第二个区域是具体的设备区，有各种型号的设备供选择。例如选择了路由器后，里面就会列出一些路由器型号，如图 2-4 所示。

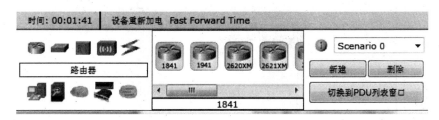

图 2-4 设备区

补充：当选中一个设备，如上例选中路由器 1841，拖拽到工作区后，在工作区双击路由器图标，就会打开此路由器的配置窗口以及命令窗口，如图 2-5 所示。

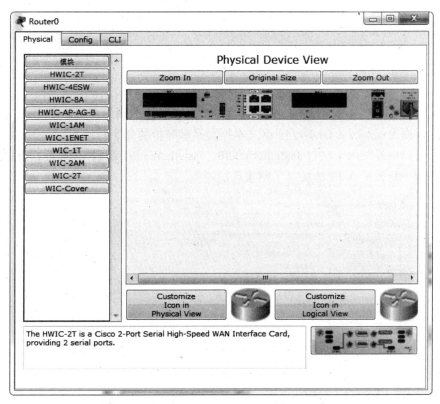

图 2-5 设备配置窗口

在设备配置窗口界面中主要包含三个部件：

（1）Physical：在 Physical 标签下可以进行设备模块的配置。默认情况下，设备没有安装任何模块。如果需要添加模块，就可以从左边的模块列表拖动需要的模块到设备的空插槽中（左下角有相应的模块说明）。注意拖放前要关闭设备的电源（在图片中点击电源即可）。比如当前的路由器1841，可以看到它的背板包含与真实设备相同的开关键，同时在左栏中选中一个模块通过拖拽的方式进行放置，如图2-6所示。

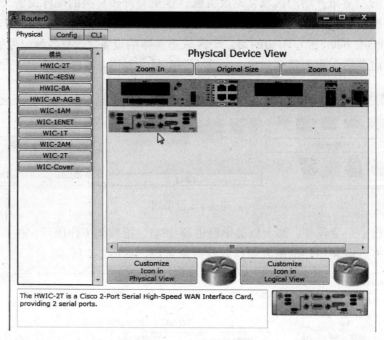

图2-6 设备模块属性窗口

（2）配置：主要包含当前设备的常规属性以及固有功能的图形配置，在Config标签下可以进行图形界面交互配置（GUI），下面文本框会显示等价的命令行语句，如图2-7所示。例如，要给当前路由器的两个接口fastethernet0/0，fastethernet0/1配置IP地址，直接单击相应接口，在界面中直接输入IP地址与子网掩码。

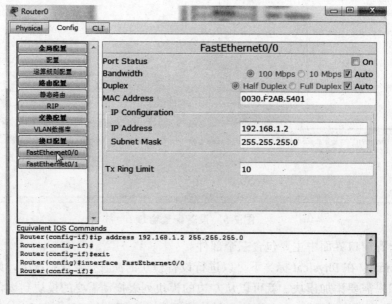

图2-7 设备物理属性配置窗口

（3）CLI：在 CLI 标签下可以进行命令行的配置，它与在交互界面下进行的配置是等效的，如图 2-8 所示。Cisco 的命令通过这个窗口，对当前设备进行具体的操作。

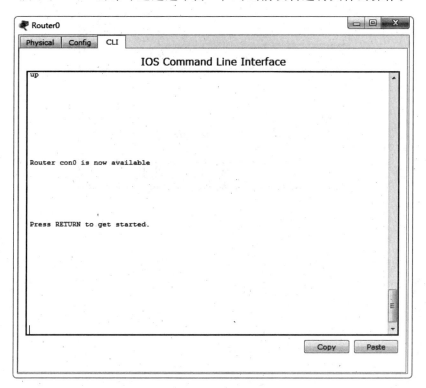

图 2-8　Cisco 命令行窗口

2.1.5　数据包窗口区

整个软件窗口界面右下侧就是数据包的窗口区，在这里可以管理用户通信数据包。当有通信发生时，此处显示数据包通信过程。因此通过这个窗口可以简单的检查出整个网络拓扑中，故障出现的地方，如图 2-9 所示。从图中可以看出，发送方、接收方分别是 PC1 和 PC0，数据包类型是 ICMP，在两行数据通过过程中，显示可以成功 Ping 通。

Fire	Last Status	Source	Destination	Type	Color	Time(sec)	Periodic	Num	Edit	Delete
●	成功	PC1	PC0	ICMP		0.000	N	0	(编辑)	(删除)
●	成功	PC0	PC1	ICMP		0.000	N	1	(编辑)	(删除)

图 2-9　数据包窗口

2.1.6　实时模式（Realtime Mode）和模拟模式（Simulation Mode）

在数据包窗口区上方有一个工作模式的切换区，如图 2-10 所示。

实时模式：为默认模式（也就是真实模式），提供实时的设备配置和 Cisco IOS CLI 模拟。

模拟模式：此模式用于模拟数据包的产生、传递和接收过程。

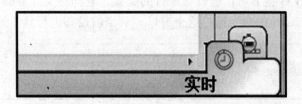

(a) 实时模式

(b) 模拟模式

图 2-10

补充：单击模拟模式会出现事件列表对话框，如图 2-11 所示。该对话框显示当前捕获的数据包的详细信息，包括持续时间、源设备、目的设备、协议类型和协议详细信息。

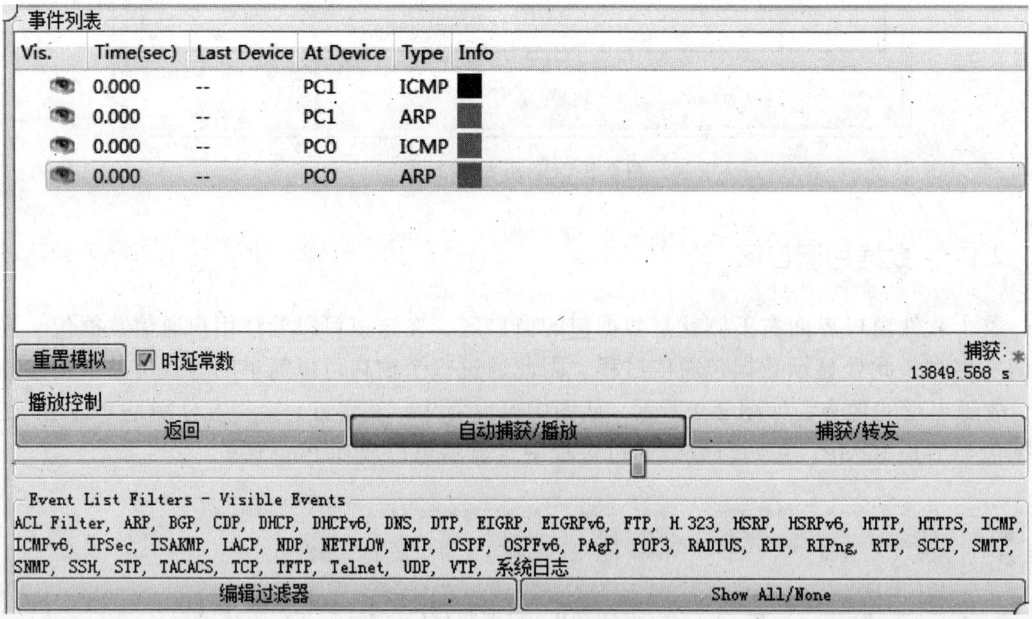

图 2-11 事件列表对话框

在图中点击 Router0 上的数据包，可以打开 PDU 信息对话框，将会看到数据包进出设备时 OSI 模型上的变化，如图 2-12 所示。右边两个详情（Inbound PDU Details 和 Outbound PDU Details）中可以看到数据包帧格式的变化，将有助于我们对数据包更深入细致的理解分析。当点击自动捕获/播放按钮，就能出现生动的 flash 动画。

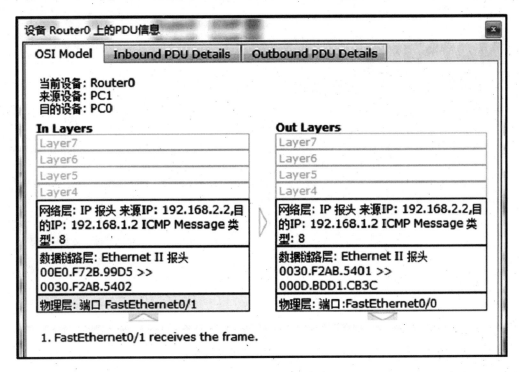

图 2-12 设备 PDU 信息窗口

2.2 Boson Netsim 介绍

Boson NetSim 是一款网络设备仿真器，它不但可以模拟个人电脑、交换机、路由器，而且它还能模拟出多种连接方式如 PSTN、ISDN、PPP 等，也可模拟任何类型的网络或者是已经设定好的网络。Boson NetSim 就是真实设备的缩影，与真实设备的相比，使用它省去了制作网线连接设备，可以频繁变换 Console 线，不停地往返于设备之间的环节。同时，Boson NetSim 的命令也和最新的 Cisco 的 IOS 保持一致，它可以模拟出 Cisco 的部分中端产品 35 系列交换机和 45 系列路由器。总之这款软件非常适合参加 CCNA、CCNP 考试而苦于没有实验设备、实验环境的备考者。

2.2.1 Boson Netsim 界面认识

当启动软件时，随之出现欢迎界面，如图 2-13 所示，以及主界面窗口，如图 2-14 所示。下面通过表 2-2 分别介绍主界面窗口的各个功能部件。

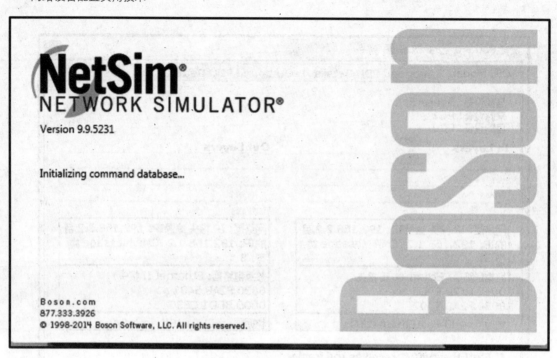

图 2-13　Boson NetSim 欢迎窗口

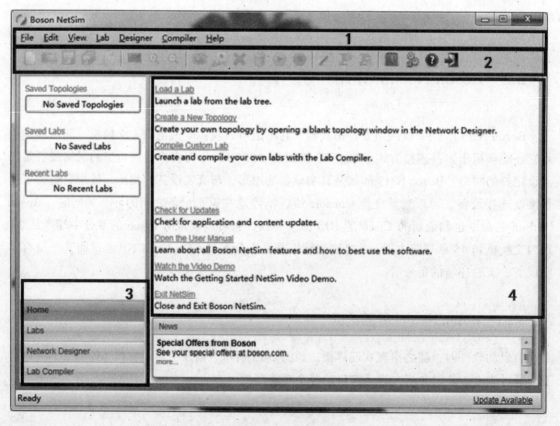

图 2-14　Boson NetSim 软件主界面窗口

表 2-2　主要工具栏

编号	工具栏名称	功　　能
1	菜单栏	此栏中有文件、选项和帮助按钮，我们在此可以找到一些基本的命令如打开、保存、打印和选项设置，还可以访问活动向导
2	主工具栏	此栏提供了常用功能的快捷方式
3	功能区	功能区下方有四个部件：Home（主页）、Labs（实验）、Network Designer（网络设计）、Lab Compiler（实验编译），当选择不同的功能时，整个界面就出现相应的匹配页面
4	工作区	在主界面的右方，是最大的一块区域，此区域与功能区相对应，当选择相应的功能区部件时，工作区就出现相应的匹配页面

2.2.2　菜单栏

菜单栏主要提供了一些与文件、设备连线有关的操作。
（1）File（文件）：此选项主要的功能是新建文件、打开文件、保存文件格式为.bsn。
（2）Edit（编辑）：此选项主要功能是拷贝、粘贴、撤销、重做。
（3）View（视图）：此选项里面主要的功能是显示/隐藏主界面上的快捷按钮。
（4）Lab（实验）：导入软件配置的实验数据包。
（5）Designer（设计）：此选项里面主要的功能是增加对工作区绘制拓扑图的外观效果。
（6）Compiler（编译）：提供实验的编译情况。
（7）Help（帮助）：提供相关帮助。

2.2.3　功能区

在功能区中最常用到的是 Labs 和 Network Designer。下面主要针对这两个模块进行说明：

（1）Labs 是 Boson NetSim 提供给学习者的现成实验数据包以及进行仿真实验的模块。举例如图 2-15 所示，单击 Labs，然后选择 Standard 下的 SWITCH（交换机）分支下的第一个交换机初始化配置实验，双击以后，软件自动导入数据，下方出现该实验的相关描述。导入实验数据包以后，学习者可以对其进行自定义编辑，参与到实验环境中。

与此同时，在右方工作区也出现了相应功能窗口，如图 2-16 所示。Lab Instructions 显示该实验包所有设备的完整命令文档，NetMap 显示实验的仿真拓扑图与命令编辑窗口，如图 2-17 所示。

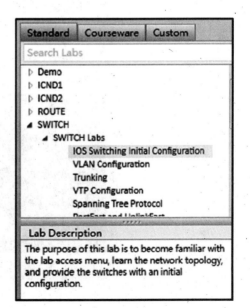

图 2-15　设备窗口

图 2-16 设备功能窗口

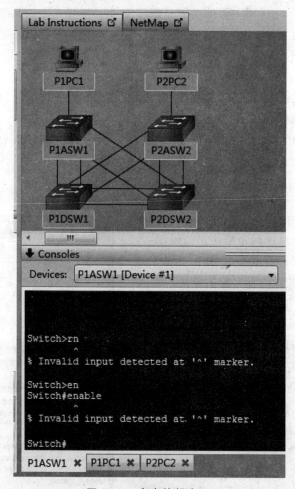

图 2-17 命令编辑窗口

补充：Devices 处可以选择配置具体的设备，如图 2-18 所示，有四台交换机与二台计算机。当选择不同设备时，下方命令编辑界面就自动转换成所选设备的配置界面。

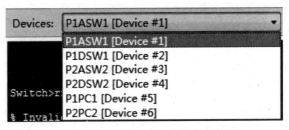

图 2-18　设备选择窗口

（2）Network Designer 的主要功能是绘制拓扑图，根据选择的设备进行拓扑图的设计。软件提供四类设备可供选择，路由器、交换机、其他设备（计算机和 IP 电话）。举例如图 2-19 所示，在功能区上方设备区选中路由器 2800 系列，然后按住 2811 拖往工作区释放鼠标，随后出现设备确认框，单击 Create Router，这时工作区中就添加成功一个路由器。

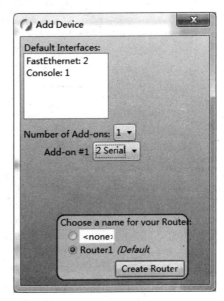

图 2-19　设备添加进工作区

按以上步骤在工作区添加两个路由器，对其中一个路由器单击右键选中 New Connection，进行线路的连接。在随后出现的如图 2-20 所示的连线对话框中，软件会自动匹配连接，当然也可以自定义连线接口，最后选择右下角的 Connect，连线就完成了。

当拓扑图绘制结束，接下来就要进行实验环境配置。这时选择常用工具栏中 Start Simulator（启动仿真）按钮，启动实验环境配置窗口，打开如图 2-21 所示的界面。

从图中可知，上方是刚绘制的拓扑图，下方对应的就是配置窗口，当在 devices 中选择拓扑图中不同设备时，下方窗口环境也相应改变。

小结：Boson Netsim 提供了一个练习 Cisco 路由器、交换机配置的环境。但它毕竟不是真实设备，有很多不支持的协议和命令。但是它仍不失为众多可供选择的 Cisco 练习软件之一。

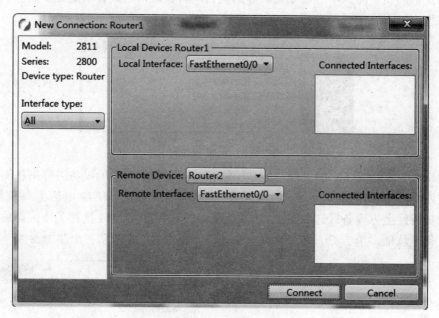

图 2-20 连线窗口

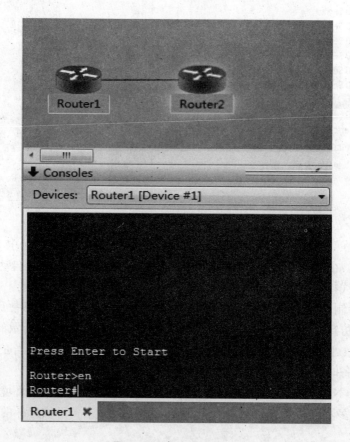

图 2-21 实验配置窗口

2.3 eNSP 介绍

eNSP 是由全球领先的信息与通信解决方案供应商华为免费推出的图形化网络仿真工具平台。该平台通过对真实网络设备的仿真模拟，帮助广大中国信息通信技术从业者和客户快速熟悉华为系列产品，了解并掌握相关产品的操作和配置、故障定位方法，培养和提升其对企业网络的规划、建设、运维能力，从而帮助企业构建更高效，更优质的企业网络。

eNSP（Enterprise Network Simulation Platform）仿真软件运行的是物理设备的 VRP 操作系统，可以最大限度地模拟真实设备环境，利用 eNSP 模拟工程开局与网络测试，可以高效地构建企业优质的信息网络。eNSP 支持对接真实设备，数据包的实时抓取，有助于理解网络协议的运行原理，方便网络技术的钻研和探索。

2.3.1 eNSP 的界面认识

当启动软件时，随之出现欢迎界面，如图 2-22 所示，以及主界面窗口，如图 2-23 所示。下面分别介绍引导界面窗口的各个功能部件，如表 2-3 所示。

（a）eNSP 欢迎界面

（b）eNSP 欢迎窗口

图 2-22　eNSP 欢迎界面

表 2-3 主要内容介绍

序号	区域名	简要描述
1	快捷按钮	提供新建和打开拓扑的功能按钮
2	样例	提供常用的拓扑案例
3	最近打开	显示最近已浏览的拓扑文件名称
4	学习	提供学习 eNSP 操作方法的入口

当选择工具栏中新建拓扑按钮 ，就可以进入软件主界面，如图 2-23 所示。主要工具栏描述如表 2-4 所示。

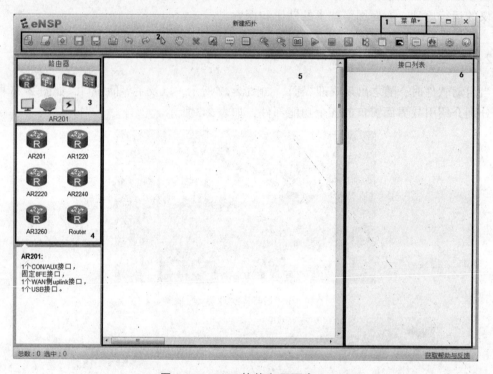

图 2-23 eNSP 软件主界面窗口

表 2-4 主要工具栏

序号	区域名	简要描述
1	主菜单	提供"文件""编辑""视图""工具""考试""帮助"菜单
2	工具栏	提供常用的工具，如新建拓扑、打印等
3	网络设备区	提供设备和网线，供选择到工作区
4	工作区	在此区域创建网络拓扑
5	设备接口区	显示拓扑中的设备和设备已连接的接口

2.3.2 菜单栏

菜单栏介绍如表 2-5 所示。

表 2-5 菜单栏介绍

菜单项	子菜单项	快捷键	简要说明
文件	新建拓扑	Ctrl+N	新建拓扑
	新建试卷工程		新建试卷工程
	打开拓扑	Ctrl+O	打开拓扑
	打开示例	Ctrl+Alt+O	打开拓扑示例
	保存拓扑	Ctrl+S	保存拓扑
	另存为	Ctrl+Alt+S	另存为指定文件名和文件类型
	向导	Ctrl+G	打开引导界面
	打印	Ctrl+P	打印拓扑
	最近打开	-	显示最近打开的拓扑文件
	退出	-	退出程序
编辑	撤销	Ctrl+Z	撤销上次操作
	恢复	Ctrl+Y	重复上次操作
	复制	Ctrl+C	拷贝
	粘贴	Ctrl+V	粘贴
视图	缩放	-	对拓扑图进行放大、缩小、大小重置操作
	工具栏	-	用于控制是否显示工具栏区（Main Toolbar）、网络设备区（Left Toolbar）和设备接口区（Right Toolbar）
工具	调色板	Ctrl+Alt+P	描绘拓扑图中的图形
	启动设备	Ctrl+Alt+A	启动拓扑中选中的设备，默认启动所有未启动设备
	停止设备	Ctrl+Alt+C	关闭拓扑中选中的设备，默认关闭所有已启动设备
	数据抓包	Ctrl+Alt+D	启动报文采集功能，具体参见报文采集描述
	选项	Ctrl+Alt+O	选项设置，具体参见软件参数设置描述
	合并/展开 CLI	-	合并/取消合并多个设备的命令行界面到一个窗口
考试	阅卷		评阅试卷
帮助	目录	F1	查看帮助文档
	检查更新	-	检测 eNSP 工具的最新版本信息
	关于 eNSP...	-	查看软件版本和版权信息

2.3.3 工具栏

工具栏介绍如表 2-6 所示。

表 2-6 工具栏介绍

工具	简要说明	工具	简要说明
	新建拓扑		新建试卷工程
	打开拓扑		保存拓扑
	另存为指定文件名和文件类型		打印拓扑
	撤销上次操作		重复上次操作
	恢复鼠标		选定工作区，便于移动
	删除对象		删除所有连线
	添加描述框		添加图形
	放大		缩小
	恢复原大小		启动设备
	停止设备		采集数据报文
	显示/隐藏所有接口名称		显示网格
	打开拓扑中所有路由器和交换机的命令行界面		选项设置
	帮助文档		

2.3.4 网络设备区

1．设备类别区

提供 eNSP 支持的设备类别和连线，就是图 2-23 中"3"所处位置。根据在此处的选择，"设备型号区"的内容将会变化。用户可以将此区域的设备直接拖至工作区，系统默认将"设备型号区"中该类别的第一种型号的设备添加至工作区中。当用鼠标单击图标，就会提示当前为何种设备。

2．设备型号区

提供设备和网线具体型号，供选择到工作区，就是图 2-23 中"4"所处的位置。当用鼠标单击具体的型号设备以后，下表就会显示相应的接口类型与接口数量。如图 2-24 所示，当选择交换机 S3700 后，图下方就显示它所包含的所有接口。

2.3.5 工作区

工作区是绘制拓扑图的区域，如图 2-23 中"5"所处位置，当从设备区中拖入相应的设备到工作区中以后，分别选中每一个设备，单击工具栏的启动按钮 ▶，让图中所有设备全部启动。当设备启动后，设备颜色由原来的深蓝色变成浅蓝色。右键单击拓扑图选中 CLI，就可以进入设备的命令配置界面，如图 2-25 所示。

图 2-24 设备型号区

图 2-25 命令配置窗口

2.3.6 设备接口区

此区域显示拓扑中的设备和设备已连接的接口，如图 2-23 中"6"所处位置。双击或者拖动标题栏时可以将其脱离主界面，增大工作区可视面积。再次双击或者拖动标题栏时，可以将其放回至原位置。设备接口区接口列表如图 2-26 所示。

1. 指示灯颜色含义

- 红色：设备未启动或接口处于物理 DOWN 状态。
- 绿色：设备已启动或接口处于物理 UP 状态。
- 蓝色：接口正在采集报文。

图 2-26　设备接口区

2. 右键功能说明

接口设备右键应用如图 2-27 所示。

- 单击右键设备名，可启动/停止设备。
- 单击右键处于物理 UP 状态的接口名，可启动/停止接口报文采集。

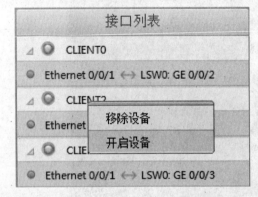 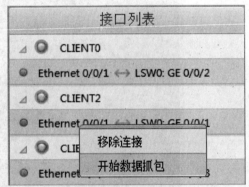

图 2-27　接口设备右键应用

2.4　GNS3 介绍

GNS3 是一款具有图形化界面可运行在多平台（包括 Windows、Linux and UASOS 等）的网络虚拟软件，其支持的路由器平台、防火墙平台（PIX）的类型非常丰富。通过在路由器插槽中配置上 EtherSwitch 卡，也可以通过仿真该卡所支持的交换机平台。

2.4.1 GNS3 的界面认识

当首次启动软件时，出现主界面窗口，如图 2-28 所示。GNS3 软件与前面介绍的几款仿真软件不太一样，首次进入需要进行初始配置，否则就无法使用。通过选中菜单栏上的编辑——首选项，就可以打开初始配置窗口如图 2-29 所示。

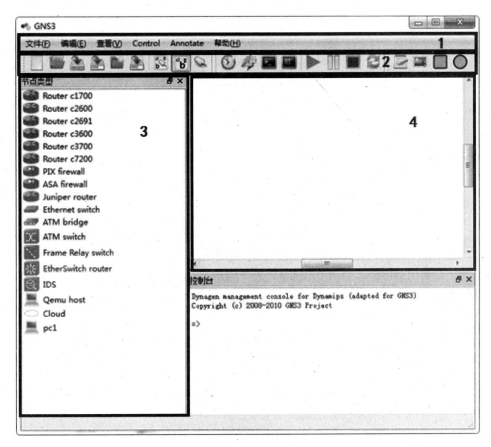

图 2-28　GNS3 主界面窗口

1．初始配置

GNS3 整合了如下的软件：

（1）Dynamips：一款可以让用户直接运行 Cisco 系统二进制镜像的 IOS 模拟器。

（2）Dynagen：是 Dynamips 的文字显示前端。

（3）Pemu：PIX 防火墙设备模拟器。

（4）Winpcap：Windows 平台下一个免费、公共的网络访问系统。安装 GNS3 软件时安装过程中会提示进行安装。开发 Winpcap 这个项目的目的在于为 win32 应用程序提供访问网络底层的能力。

（5）Capture：是 GNS3 自带的抓包工具。

第一步：在配置窗口中可以根据更改软件语言，习惯用中文的，可在"General"—"Language"处，选上"简体中文（cn）"。如图 2-29 所示。

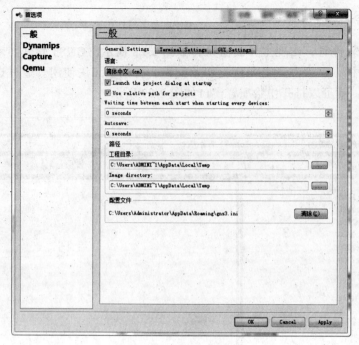

图 2-29　初始配置窗口

第二步：接着需要设置一下"工程目录"和"image/directory 目录"，如图 2-30 所示。（1）工程目录——网络拓扑图保存位置。（2）image directory 目录——存放临时文件的目录。

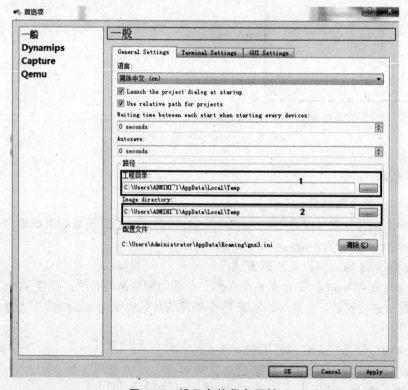

图 2-30　设置文件保存属性

第三步：选择 Dynampis——运行路径，打开如图 2-31 所示界面。（1）运行路径处是安装的 GNS3 的目录下的 dynampis-wxp.exe。假如安装目录是 E：/simulatorGNS3/GNS3/Dynamips/dynamips-wxp。这个 dynamips-wxp 就是使用的 Dynampis 模拟器。有一点请注意，GNS3 只支持英文目录，所以有中文出现的话，会出现错误。（2）在工作目录用来存放运行模拟器的时候产生的一些文件。

图 2-31 软件运行路径设备

第四步：选中 Capture 是抓包工具选项。如图 2-32 所示。（1）可以设置抓取的文件保存的位置。（2）为软件自带的抓包程序 wireshark.exe。

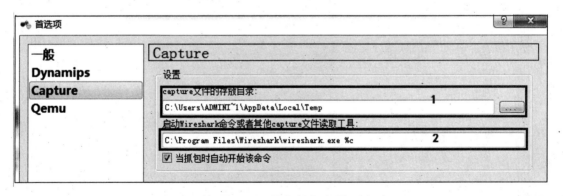

图 2-32 设备抓包选项

第五步：GNS3 软件与前面的软件在网络设备的添加上有一些区别，它需要导入设备的 IOS 文件才能使用。如图 2-33 所示，点击 Edit—Ios image and Hypervisors 打开如图所示的对话框。在对应的 Image file 处导设备的 IOS 文件，后面的平台、型号就会自动出现，最后只需要单击下方的保存就可以了。

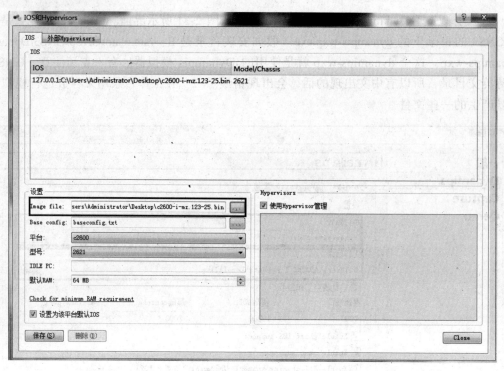

图 2-33　IOS 文件导入

第六步：在外部"Hypervisors"窗口单击保存添加主机端口，如下图所示：

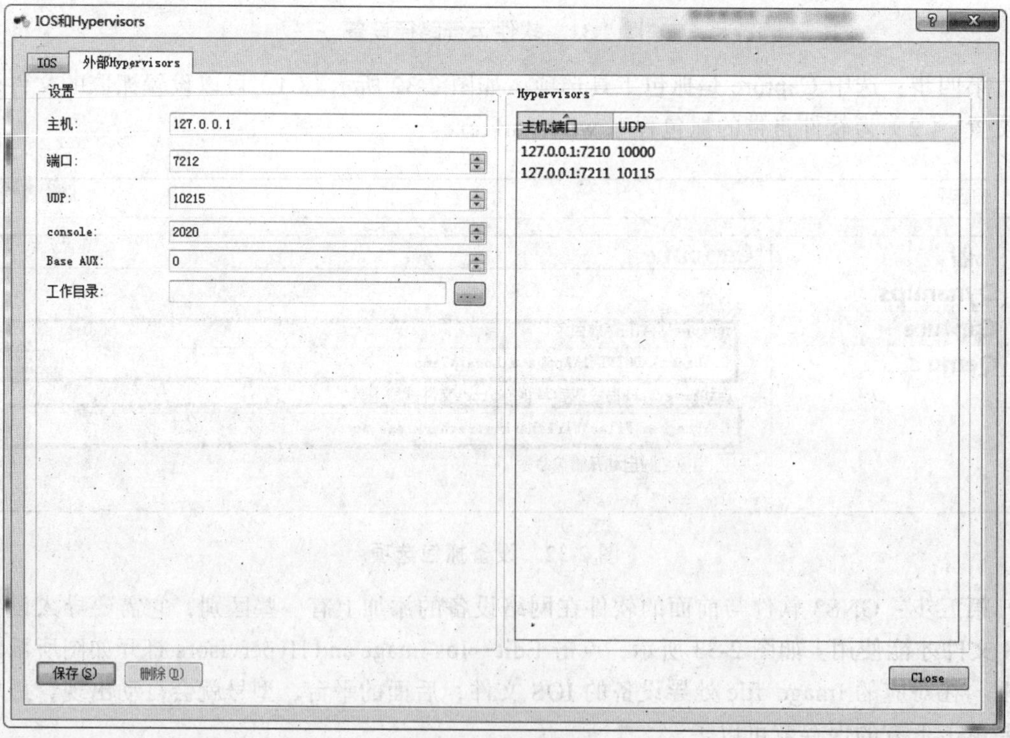

图 2-34　设备主机端口

2.4.2 标题栏与菜单栏

菜单栏主要提供了一些与文件、设备连线有关的操作如表 2-7 所示。

表 2-7 菜单栏介绍

菜单项	子菜单项	简要说明
文件	New blank topology	新建拓扑
	New blank project	新建工程
	打开拓扑或工程	打开拓扑或工程
	打开示例	打开拓扑示例
	保存	保存拓扑或工程
	Save topology as	拓扑图另存为
	Save project as	工程另存为
	Import/export	导入或导出
	Screenshot	屏幕截图
	snapshot	快照
编辑	撤销	撤销上次操作
	恢复	重复上次操作
	选择所有	全选
	取消选择	撤销全选
	IOS 和 Hypervisors	IOS 文件属性
	设备的图标	设备的图标管理
	首选项	系统设置选项
查看	缩放	对拓扑图进行放大、缩小、大小重置操作
	Show layers	
	Reset interface labels	重置接口名称
	隐藏设备名	隐藏和显示设备名称
	Show interface labels	显示接口名称
	浮动窗口	用于控制其他功能的窗口浮动属性（节点类型，拜年汇总，控制台等）
控制	启动设备	启动拓扑中选中的设备
	暂停设备	让设备暂停
	停止设备	关闭拓扑中选中的设备
	Reload all devices	重新加载所有设备
	Console all devices	配置拓扑中所有设备
	Console aux to all devices	通过 AUX 口配置所有设备
annotate	添加注释	评阅试卷
	插入图片	在拓扑中插入图片
	方形	画一个方形
	圆形	画一个圆形
帮助	在线帮助	在线帮助信息
	关于 QT	关于 QT 的相关信息
	关于 eNSP…	查看软件版本和版权信息

2.4.3 常用工具栏

图 2-35 常用工具栏图标

常用工具栏主要包含在使用 GNS3 软件时常用到的基本功能，下面依次进行说明：
（1）新建拓扑文件。
（2）打开已保存的工程或拓扑文件。
（3）保存工程或拓扑文件。
（4）对拓扑文件另存其他类型。
（5）新建工程。
（6）对工程文件另存其他类型。
（7）显示接口连接状态。
（8）显示拓扑图中设备名称。
（9）连接设备。
（10）抓取快照。
（11）导入和导出设备的配置信息。
（12）配置当前拓扑图中的所有设备。
（13）通过 AUX 口配置拓扑图中的所有设备。
（14）启动所有设备。
（15）暂停所有设备。
（16）停止所有设备。
（17）重新加载所有设备。
（18）添加注释。
（19）插入一张图片。
（20）画一个方形。
（21）画一个圆形。

2.4.4 工作区

在整个软件界面中，所占比例最大的一块白色区域，就是拓扑绘制区，在它的左侧有一列工具图标是设备区，右侧是拓扑接口连接的汇总，这三部分构成了工作的主要操作区如图 2-36 所示。

2 仿真软件学习

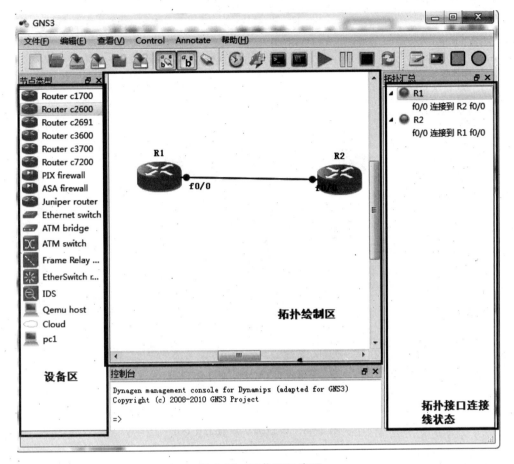

图 2-36 工作区示意图

2.4.5 设备区

在前面初始配置的步骤中已经介绍，GNS3 软件中的虚拟设备需要导入相应的 IOS 文件才能使用，否则会出现报错信息，如图 2-37 所示。当成功导入 IOS 文件后，就可以成功拖动相应设备到右边的工作区窗口中，如图 2-38 所示。

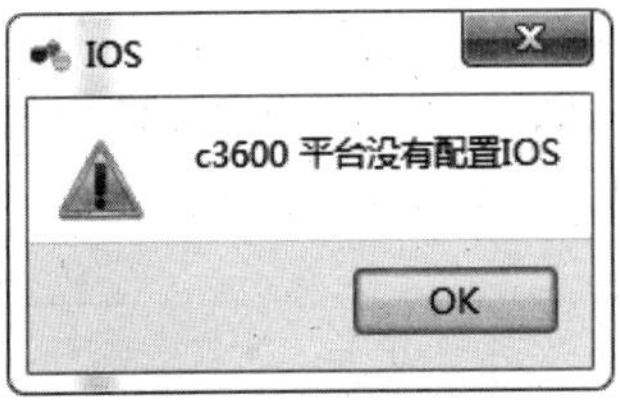

对添加的设备单击右键，出现弹出菜单，里面几个主要的功能分别介绍如下：

配置：对选中的设备进行配置，比如在相应的插槽上添加相应的适配卡。

Console：对设备进行 IOS 配置，必须首先启动设备，才能使用这个选项。

图 2-37 报错信息

开始：开启模拟设备。

停止：关闭模拟设备。

Reload：重新加载模拟设备。

暂停：暂停模拟设备。

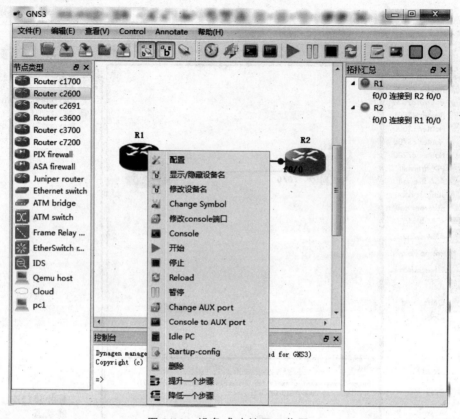

图 2-38 设备成功放置工作区

Idle PC：计算 Idle PC 的值。默认情况下，启用节点后 CPU 占有率极高。此时，我们可以通过 Idle PC 值来有效降低 CPU 使用率。

Startup-config：进入设备的启动配置中。

2.4.6 拓扑接口汇总区

拓扑接口汇总区里包含的是针对工作区中的设备连接汇总，如图 2-39 所示。图右侧的拓扑汇总是指左侧设备接口连接情况汇总。单击图中的扩展按钮可以展开其内部详细连接状态，从图中可以看出 RA 路由器左侧的 S0/1 连接内网路由器的 S0/0 口，右侧的 S0/0 口连接外网路由器的 S0/0 接口。

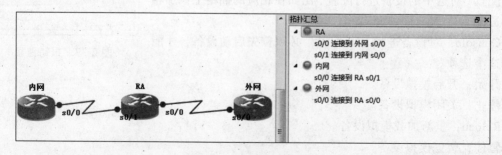

图 2-39 拓扑接口汇总

当前市面上有多种不同类型的路由器模拟器，但它们支持的路由器命令较少，在进行相关实验时常常发现这些模拟器不支持某些命令或参数，如前面介绍的 Packet Tracer 就不支持基于时间 ACL。在 GNS3 中，所运行的是实际的 IOS，能够使用 IOS 所支持的所有命令和参数。另外，GNS3 是一种开源软件，因此提供免费使用。但是，Cisco 的 IOS 的使用需符合 Cisco 的版权规定，因此，GNS3 安装程序中不包含 IOS 映像文件，这需要使用者单独获取。

3 网络配置基础

交换和交换机最早起源于电话通讯系统（PSTN），我们现在还能在老电影中看到这样的场面：首长（主叫用户）拿起话筒一阵猛摇，然后在一个插满线头的机器旁，一位戴着耳麦的话务小姐接到连接要求后，把插头插在相应的出口，为两个用户端建立连接，直到通话结束。这个过程就是通过人工方式建立起来的交换。现在程控交换机早已普及，交换的过程都是自动完成。交换机（Switch，交换机集线器），是构建网络平台的"基石"，又称为网络开关它是一种基于MAC地址（网卡的硬件标志）识别，能够在通信系统中完成信息交换功能的设备。交换机根据工作位置不同,可以分为广域网交换机和局域网交换机。广域网交换机就是一种在通信系统中完成信息交换功能的设备,它应用在数据链路层。交换机有多个端口，每个端口都具有桥接功能，可连接一个局域网或一台高性能服务器或工作站。实际上，交换机有时被称为多端口网桥。许多新型的Client/Server应用程序以及多媒体技术的出现，导致了传统的共享式网络远远不能满足要求，这也就推动了局域网交换机的出现。

局域网交换机拥有许多端口，每个端口有自己的专用带宽，并且可以连接不同的网段。交换机各个端口之间的通信是同时的、并行的，这就大大提高了信息吞吐量。为了实现交换机之间的互联或高档服务器的连接，局域网交换机一般拥有一个或几个高速端口，如100M以太网端口或155M ATM端口，从而保证整个网络的传输性能。

3.1 实例——熟悉物理设备及其连接

任务：

熟悉交换机设备并能掌握配置交换机的常用连接方式Console端口

实训目的：

让学生掌握管理交换机的指示灯及连接方式。

实训环境：

一个交换机、一台电脑、相关设备线。

实训导读：

1．交换机的工作原理

交换机工作在数据链路层，它拥有一条很高带宽的背部总线和内部交换矩阵。交换机的所有的端口都挂接在这条背部总线上，控制电路收到数据包以后，处理端口查找内存中的地址对照表以确定目的 MAC（网卡的硬件地址）的 NIC（网卡）挂接在哪个端口上，通过内部交换矩阵迅速将数据包传送到目的端口，目的 MAC 若不存在，广播到所有的端口，接收端口回应后交换机会"学习"新的 MAC 地址，并把它添加内部 MAC 地址表中。使用交换机也可以把网络"分段"，通过对照 IP 地址表，交换机只允许必要的网络流量通过交换机。通过交换机的过滤和转发，可以有效地减少冲突域，但它不能划分网络层广播，即广播域。传统的交换机本质上是具有流量控制能力的多端口网桥，即二层交换机。把路由技术引入交换机，可以完成网络层路由选择，故称为三层交换机，这是交换机的新进展。

二层交换机工作在链路层的联网设备，它的各个端口都具有桥接功能，每个端口可以连接一个 LAN 或一台高性能网站或服务器，能够通过"自学"来了解每个端口的设备连接情况。所有端口由专用处理器进行控制，并经过控制管理总线转发信息。

同时可以用专门的网管软件进行集中管理。除此之外，交换机为了提高数据交换的速度和效率，一般支持多种方式。

1）存储转发

交换机在将数据帧发送到其他端口之前，要把收到的帧完全存储在内部的存储器中，对其检验后再发往其他端口，这样其延时等于接收一个完整的数据帧的时间及处理时间的总和。

如果级联很长时，会导致严重的性能问题，但这种方法可以过滤掉错误的数据帧。

2）切入法

这种方法只检验数据帧的目标地址，这使得数据帧几乎马上就可以传出去，从而大幅度降低延时。其缺点是错误帧也会被传出去。错误帧的概率较小的情况下，可以采用切入法以提高传输速度。而错误帧的概率较大的情况下，可以采用存储转发法以减少错误帧的重传。

2．交换机的优点

（1）通过支持并行通信，提高了交换机的信息吞吐量。

（2）将传统的一个大局域网上的用户分成若干工作组，每个端口连接一台设备或连接一个工作组，有效地解决拥挤现象，这种方法称为网络微分段技术（micro-segmentation）。

（3）虚拟网技术的出现，给交换机的使用和管理带来的更大的灵活性。

（4）交换机主要从提高连接服务器的端口的速率以及相应的帧缓冲区的大小来提高整个网络的性能，从而满足用户的要求。

（5）部分高档交换机采用全双工技术，提高端口的带宽。采用全双工技术使主机在发送数据包的同时，还可以接收数据包。普通的 10 M 端口就可以变成 20 M 端口，普通的 100 M 端口就可以变成 200 M 端口，这样就进一步提高了信息吞吐量。

3．交换机的管理

对于可管理的交换机一般都提供有一个名为 Console 的控制台端口（或称配置口），该端口采用 RJ-45 接口，是一个符合 EIA/TIA-232 异步串行规范的配置口，通过该控制端口，可实现对交换机的本地配置。

交换机一般都随机配送了一根控制线，它的一端是 RJ-45 水晶头，用于连接交换机的控制台端口，另一端提供了 DB-9（针）和 DB-25（针）串行接口插头，用于连接 PC 机的 COM1 或 COM2 串行接口，华为交换机配送的是该类控制线。Cisco 的控制线两端均是 RJ-45 水晶头接口，但配送有 RJ-45 到 DB-9 和 RJ-45 到 DB-25 的转接头。

交换机的四种管理方式如下：

1）使用 Console 口连接到交换机

使用一个超级终端（或者仿终端软件）连接到交换机的串口（Console）上，从而通过超级终端来访问交换机的命令行接口（CLI）。对于首次配置交换机，必须采用该方式。对交换机设置管理 IP 地址后，就可采用 Telnet 登录方式来配置交换机。对于可管理的交换机一般都提供有一个名为 Console 的控制台端口（或称配置口），该端口采用 RJ-45 接口，是一个符合 EIA/TIA-232 异步串行规范的配置口，通过该控制端口，可实现对交换机的本地配置。

2）使用 Telnet 命令管理交换机

交换机启动后，用户可以通过局域网或广域网，使用 Telnet 客户端程序建立与交换机的连接并登录到交换机，然后对交换机进行配置。它最多支持 8 个 Telnet 用户同时访问交换机。

注意：首先一定保证被管理的交换机设置了 IP 地址，并保证交换机与微机的网络连通性。在微机上运行 Telnet 客户端程序，如下图所示，其中 Telnet 后的 IP 地址为连接交换机的 IP 地址。

3）使用支持 SNMP 协议的网络管理软件管理交换机

通过 SNMP 协议的网络管理软件管理交换机，具体步骤如下：
第一步：通过命令行模式进入交换机配置界面。
第二步：给交换机配置管理 IP 地址。
第三步：运行网管软件，对设备进行维护管理。

4）使用 Web 浏览器如 Internet Explorer 来管理交换机

如果我们要通过 Web 浏览器管理交换机，首先要为交换机配一个 IP 地址，保证管理 IP 和交换机能够正常通信。在 IE 浏览器中输入交换机的 IP 地址，出现一个 Web 页面，我们可对页面中的各项参数进行配置。

5）AUX 口接 Modem，通过电话线与远方的终端或运行终端信真软件的微机相连

实训内容：

1．交换机面板介绍

第一步：认识交换机的面板，如图 3-1、3-2 所示。

3 网络配置基础

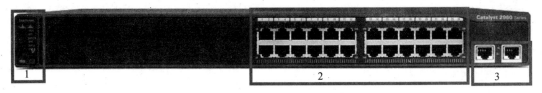

图 3-1

① 指示灯面板。
② 24 个以太网 10/100 Mbit/s 自适应端口。
③ 2 个固定以太网 10/100/1 000 Mbit/s 上行端口。

图 3-2

① RJ45 Console 端口。
② 风扇排风口。
③ RPS 连接器。
④ 电源插头。

第二步：认识指示灯。

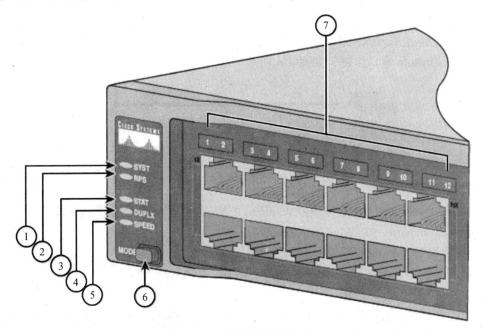

图 3-3 指示灯示意图

① 系统指示灯，交换机是否正常接电。
② RPS 指示灯，冗余电源是否工作正常。

③ 状态指示灯，显示端口的连接状态。
④ 全/半双工指示灯，显示当前端口的模式是全双工模式还是半双工模式。
⑤ 速率指示灯，显示当前端口的速率是 10、100 或 1 000 Mbit/s。
⑥ 模式按钮。
⑦ 端口状态指示灯。其示意如表 3-1 所示。

表 3-1 交换机指示灯

	灯不亮	橘黄色	绿色	闪烁桔黄灯	闪烁绿灯
系统指示灯	交换机未接电	交换机已接电，工作不正常	交换机工作正常		
RPS 指示灯	冗余电源未通电或未安装	冗余电源已接通，但工作不正常	RPS 已连接并可用	交换机内部电源出现故障，正在使用 RPS	RPS 正在支持堆叠中的另一台交换机
状态指示灯	端口关闭，无链路	端口目前为转发	链路正常运行	绿色与橘黄色交替证明链路处于转发状态	发送或者接收数据
全/半双工指示灯	半双工		全双工		
速率指示灯	端口运行于 10 Mbit/s		端口运行于 100 Mbit/s		端口运行于 1 000 Mbit/s

2．通过 Console 进行连接交换机

第一步：通过 Console 口可以搭建本地配置环境。将计算机的串口通过电缆直接同交换机面板上的 Console 串口连接，如图 3-4 所示。

图 3-4 交换机控制端口连接

第二步：启动计算机，开启超级终端。

在 PC 机上运行终端仿真程序（如 Windows 3.X 的 Terminal 或 Windows 9X/Windows 2000/Windows XP 的超级终端等，以下配置以 Windows XP 为例），执行超级终端程序。在"开始"—"程序"—"附件"—"通信"—"超级终端"中，填入一个任意名称，点击"确定"按钮，如图 3-5 所示。

选择与交换机相连的串口 COM1，本实训 PC 机的 COM4 串口通过配置电缆与以太网交换机的 Console 口连接，如图 3-6 所示。

图 3-5 新建连接

设置 COM4 属性页面，点击"还原为默认值"按钮，设置终端通信参数：传输速率为 9 600 bit/s、8 位数据位、1 位停止位、无奇偶校验和无数据流控制，如图 3-7 所示。

图 3-6　连接端口设置

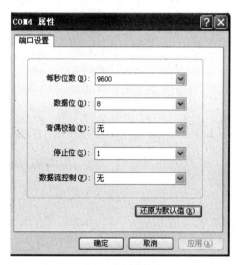

图 3-7　端口通信参数设置

第三步：进入 Console 配置界面。

以太网交换机上电，终端上显示设备自检信息，自检结束后提示用户键入回车，之后将出现命令行提示符，如图 3-8 所示。

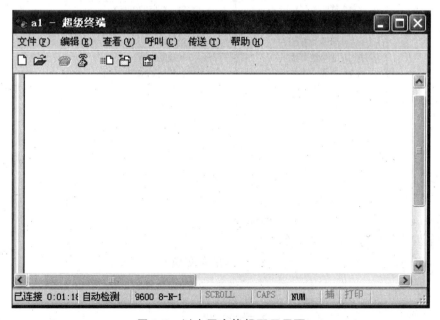

图 3-8　以太网交换机配置界面

3．通过 Secure CRT 软件连接交换机

第一步：启动软件 Secure CRT 单击文件菜单中的快速连接 快速连接(Q)... 按钮，打开快速连接对话框如图 3-9 所示。

图 3-9 Secure CRT 连接窗口

第二步：更改协议为 Serial，端口根据实际端口填写，也可以通过计算机—管理—设备管理器—端口，如图 3-10 所示，查找到使用的具体端口，波特率为 9600。

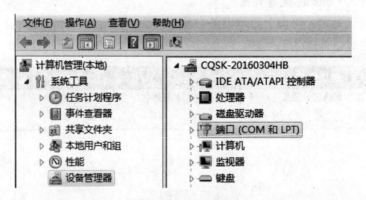

图 3-10 端口属性

第三步：当用 Console 口连接时，回车出现以下信息：
CISCO WS-C2960-24TT-L con0 is now available
Press RETURN to get started
按回车键【Enter】，看到如下命令行：
CISCO.WS-C2960-24TT-L>   （此为交换机用户模式）

3.2 实例——交换机的启动配置

实训目的：
让学生掌握交换机在加启动过程的相关配置命令。

实训环境：

一个交换机、一台电脑、相关设备线。

实训导读：

1．交换机的组成

交换机相当于是一台特殊的计算机，同样有 CPU、存储介质和操作系统，只不过这些都与 PC 机有些差别而已。交换机也由硬件和软件两部分组成。软件部分主要是 IOS 操作系统，硬件主要包含 CPU、端口和存储介质。交换机的端口主要有以太网端口（Ethernet）、快速以太网端口（Fast Ethernet）、吉比特以太网端口（Gigabit Ethernet）和控制台端口。存储介质主要有 ROM（Read-Only Memory，只读储存设备）、Flash（Flash EEPROM Memory，闪存）、NVRAM（非易失性随机存储器）和 DRAM（动态随机存储器）。

其中，ROM 相当于 PC 机的 BIOS，交换机加电启动时，将首先运行 ROM 中的程序，以实现对交换机硬件的自检并引导启动 IOS。该存储器在系统掉电时程序不会丢失。

Flash 是一种可擦写、可编程的 ROM，Flash 包含 IOS 及微代码。Flash 相当于 PC 机的硬盘，但速度要快得多，可通过写入新版本的 IOS 来实现对交换机的升级。Flash 中的程序，在掉电时不会丢失。

NVRAM 用于存贮交换机的配置文件，该存储器中的内容在系统掉电时也不会丢失。

DRAM 是一种可读写存储器，相当于 PC 机的内存，其内容在系统掉电时将完全丢失。

2．交换机的首次启动与首次启动配置

交换机加电后，即开始了启动过程，首先运行 ROM 中的自检程序，对系统进行自检，然后引导运行 Flash 中的 IOS，并在 NVRAM 中寻找交换机的配置，然后将其装入 DRAM 中运行，其启动过程将在终端屏幕上显示。

实训内容：

第一步：交换机加电，开始启动，计算机屏幕上出现以下代码：

```
C2950 Boot Loader (CALHOUN-HBOOT-M) Version 12.0(5.3)WC(1),
MAINTENANCE INTERIM
SOFTWARE
Compiled Mon 30-Apr-01 07: 56 by devgoyal
WS-C2950-24 starting...
Base ethernet MAC Address: 00: 08: a3: 08: fc: 80
Xmodem file system is available.
Initializing Flash...
flashfs[0]: 161 files, 3 directories
```

```
flashfs[0]: 0 orphaned files, 0 orphaned directories
flashfs[0]: Total bytes: 7741440
flashfs[0]: Bytes used: 2960896
flashfs[0]: Bytes available: 4780544
flashfs[0]: flashfs fsck took 6 seconds.
...done initializing flash.
Boot Sector Filesystem（bs:）installed, fsid: 3
Parameter Block Filesystem（pb:）installed, fsid: 4
Loading "flash: c2950-c3h2s-mz.120-5.3.WC.1.bin"...############
################################################################
################
   ..........................
   ..........................
C2950 INIT: Complete
00:00:17:%SYS-5-RESTART:System restarted --
Cisco Internetwork Operating System Software
 IOS (tm) C2950 Software (C2950-C3H2S-M),Version 12.0(5.3)WC(1),
MAINTENANCE INT
ERIM SOFTWARE
Copyright (c) 1986-2001 by cisco Systems,Inc.
Compiled Mon 30-Apr-01 07:56 by devgoyal
--- System Configuration Dialog ---
At any point you may enter a question mark '?' for help.
Use ctrl-c to abort configuration dialog at any prompt.
Default settings are in square brackets '[]'.
```

Continue with configuration dialog? [yes/no]: ← 对于还未配置的交换机，在启动时会询问是否进行配置，此时可键入"yes"进行配置，在任何时刻，可按 Ctrl+C 组合键，终止配置。若不想配置，可键入"no"。

第二步：上一步输入"yes"进入配置环境，以下就是配置交换机的管理 IP 地址：
Enter IP address: <u>192.168.1.5</u>　　（输入交换机管理 IP 地址）
Enter IP netmask: <u>255.255.255.0</u>　　（输入子网掩码）
Would you like to enter a default gateway address? [yes]: <u>yes</u>（是否配置默认网关）
　　IP address of default gateway: <u>192.168.1.1</u>　（输入默认网关）
　　Enter host name [Switch]:<u>lxm1</u>　（交换机命名为 lxm1,否则采用缺省名字是 Switch）

The enable secret is a one-way cryptographic secret used
instead of the enable password when it exists.
Enter enable secret: <u>my passwork</u>　（输入特权模式密码）

第三步：配置 Telnet 交换机所使用的密码，以及是否激活集群模式：
Would you like to configure a Telnet password? [yes]: <u>yes</u>　（是否配置 telnet 密码）
Enter Telnet password: <u>123456</u>　（Telnet 登录密码）
Would you like to enable as a cluster command switch? [yes/no]: no（是否激活集群模式）
The following configuration command script was created：（接下来配置生效）

第四步：显示配置的结果，并应用配置：
ip subnet-zero
interface VLAN1
ip address 192.168.1.5 255.255.255.0
ip default-gateway 192.168.1.1
hostname lxm1
enable secret 5 1EATL$0VSaQiLfk4NnWa6fEeYls.
line vty 0 15
password 123456
snmp community private rw
snmp community public ro
!
end
Use this configuration? [yes/no]: yes （是否应用上机的配置）
Building configuration...
[OK]
Use the enabled mode 'configure' command to modify this configuration.
Press RETURN to get started.
　　lxm1>

3.3　实例——交换机基础配置与管理

实训目的：

让学生掌握交换机初始配置命令。

实训环境：

一个交换机、一台电脑、相关设备线。

实训导读：

1．交换机的操作系统

不同的厂家生产的不同号的交换机，其使用的操作系统是有差别的。

Cisco Catalyst 系列交换机所使用的操作系统是 IOS（Internet work Operating System，互联网际操作系统）或 COS（Catalyst Operating System），其中以 IOS 使用最为广泛，该操作系统和路由器所使用的操作系统都基于相同的内核和 Shell（俗称壳）。

Cisco IOS 操作系统具有以下特点：

（1）支持通过命令行（Command-Line Interface，简称 CLI）或 Web 界面，来对交换机进行配置和管理。

（2）支持通过交换机的控制端口（Console）或 Telnet 会话来登录连接访问交换机。

（3）提供有用户模式（user level）和特权模式（privileged level）两种命令执行级别，并提供有全局配置、接口配置、子接口配置和 vlan 数据库配置等多种级别的配置模式，以允许用户对交换机的资源进行配置。

（4）在用户模式，仅能运行少数的命令，允许查看当前配置信息，但不能对交换机进行配置。特权模式允许运行提供的所有命令。

（5）IOS 命令不区分大小写。

（6）在不引起混淆的情况下，支持命令简写。比如"enable"通常可简约表达为"en"。

（7）可随时使用"?"来获得命令行帮助，支持命令行编辑功能，并可将执行过的命令保存下来，供进行历史命令查询。

2．交换机的命令模式

Cisco IOS 提供了用户 EXEC 模式和特权 EXEC 模式两种基本的命令执行级别，同时还提供了全局配置、接口配置、Line 配置和 VLAN（Viraual Local Area Network）数据库配置等多种级别的配置模式，以允许用户对交换机的资源进行配置和管理。

1）用户 EXEC 模式

当用户通过交换机的控制台端口或 Telnet 会话连接并登录到交换机时，此时所处的命令执行模式就是用户 EXEC 模式。在该模式下，只能执行有限的一组命令，这些命令通常用于查看显示系统信息、改变终端设置和执行一些最基本的测试命令，如 Ping、traceroute 等。用户 EXEC 模式的命令状态行是：

Switch>

其中的 switch 是交换机的主机名，对于未配置的交换机默认的主机名是 Switch。在用户 EXEC 模式下，直接输入"?"并回车，可获得在该模式下允许执行的命令帮助。

2）特权 EXEC 模式

在用户 EXEC 模式下，执行 enable 命令，将进入到特权 EXEC 模式。在该模式下，用户能够执行 IOS 提供的所有命令。特权 EXEC 模式的命令状态行为：

switch#
switch>enable
Password:
switch#

在前面的启动配置中，设置了登录特权 EXEC 模式的密码，因此系统提示输入用户密码，密码输入时不回显，输入完毕按回车，密码校验通过后，即进入特权 EXEC 模式。若进入特权 EXEC 模式的密码未设置或要修改，可在全局配置模式下，利用 enable secret 命令进行设置。

在该模式下键入"？"，可获得允许执行的全部命令的提示。离开特权模式，返回用户模式，可执行 exit 或 disable 命令。重新启动交换机，可执行 reload 命令。

3）全局模式

在特权模式下，执行 configure terminal 命令，即可进入全局配置模式。在该模式下，只要输入一条有效的配置命令并回车，内存中正在运行的配置就会立即改变生效。该模式下的配置命令的作用域是全局性的，是对整个交换机起作用。

全局配置模式的命令状态行为：

switch(config)#
switch#config terminal
Enter configuration commands, one per line. End with CNTL/Z.
switch(config)#

在全局配置模式，还可进入接口配置、Line 配置等子模式。从子模式返回全局配置模式，执行 exit 命令；从全局配置模式返回特权模式，执行 exit 命令；若要退出任何配置模式，直接返回特权模式，则要直接 end 命令或按 Ctrl+Z 组合键。对配置进行修改后，为了使配置在下次掉电重启后仍生效，需要将新的配置保存到 NVRAM 中，其配置命令为：

switch(config)#exit
switch#write

4）接口配置模式

在全局配置模式下，执行 interface 命令，即进入接口配置模式。在该模式下，可对选定的接口（端口）进行配置，并且只能执行配置交换机端口的命令。接口配置模式的命令行提示符为：

switch(config-if)#

例如，若要设置 Cisco Catalyst 2960 交换机的 0 号模块上的第 3 个快速以太网端口的端口通讯速度设置为 100 M，全双工方式，则配置命令为：

switch(config)#interface fastethernet 0/1

```
switch(config-if)#speed 100
switch(config-if)#duplex full
switch(config-if)#end
switch#write
```

5) Line 配置模式

在全局配置模式下,执行 line vty 或 line console 命令,将进入 Line 配置模式。该模式主要用于对虚拟终端(VTY)和控制台端口进行配置,其配置主要是设置虚拟终端和控制台的用户级登录密码。

Line 配置模式的命令行提示符为:

```
student1(config-line)#
```

交换机有一个控制端口(console),其编号为 0,通常利用该端口进行本地登录,以实现对交换机的配置和管理。为安全起见,应为该端口的登录设置密码,设置方法:

```
student1#config terminal
Enter configuration commands, one per line. End with CNTL/Z.
student1(config)#line console 0
student1(config-line)#?
exit        exit from line configuration mode
login       Enable password checking
password    Set a password
```

从帮助信息可知,设置控制台登录密码的命令是 password,若要启用密码检查,即让所设置的密码生效,则还应执行 login 命令。退出 Line 配置模式,执行 exit 命令。

下面设置控制台登录密码为 purelove,并启用该密码,则配置命令为:

```
student1(config-line)#password purelove
student1(config-line)#login
student1(config-line)#end
student1#write
```

设置该密码后,以后利用控制台端口登录访问交换机时,就会首先询问并要求输入该登录密码,密码校验成功后,才能进入到交换机的用户 EXEC 模式。

6) VLAN 数据库配置模式

在特权 EXEC 模式下执行 vlan database 配置命令,即可进入 VLAN 数据库配置模式,此时的命令行提示符为:

```
student1(vlan)#
```

在该模式下,可实现对 VLAN(虚拟局域网)的创建、修改或删除等配置操作。退出 VLAN 配置模式,返回到特权 EXEC 模式,可执行 exit 命令。

实训内容:

任务:(1)现有一台 Cisco Catalyst 2950-24 交换机,现要求配置该交换机的主机名为 student1-2,管理 IP 地址为 192.168.1.5,默认网关为 192.168.1.1,禁用 DNS 服务和 HTTP 服务。

第一步：进入全局模式下更改交换机名字
```
Switch>enable
Switch#config t
Switch（config）#hostname student1-2
```
第二步：关闭 DNS 和 HTTP 服务。
```
student1-2（config）#no ip domain-lookup
student1-2（config）#no ip http server
```
第三步：设置交换机管理 IP 地址与网关 IP。
```
student1-2（config）#interface vlan 1
student1-2（config-if）#ip address 192.168.1.5  255.255.255.0
student1-2（config-if）#ip default-gateway 192.168.1.1
student1-2（config-if）#end
student1-2#write
student1-2#exit
student1-2>
```

（2）现有一台 Cisco Catalyst 2950-24 交换机，管理 IP 是 192.168.1.5，网关是 192.168.1.1，一台计算机 IP 是 192.168.1.2，网关是 192.168.1.1，如图 3-11 所示，现在计算机通过 Telnet 会话来连接登录交换机，从而实现对交换机的远程配置。

图 3-11　实验拓扑图

第一步：进入交换机全局模式下，对交换机设置特权密码、管理 IP 地址、Telnet 登录密码。其代码如下：

```
switch#conf t
Enter configuration commands, one per line.  End with CNTL/Z.
switch(config)#enable password 123
switch(config)#inter vlan 1
switch(config-if)#ip address 192.168.1.5 255.255.255.0
switch(config-if)#no shutdown
switch(config-if)#exit
switch(config)#line vty 0 4
switch(config-line)#password 123
switch(config-line)#exit
switch(config)#
```

第二步：启动计算机 MS-DOS，依次选择开始菜单—运行—输入"cmd"回车，如图 3-12 所示。

第三步：在计算机 DOS 窗口的提示符">"后输入"telnet 192.168.1.5"回车，开启计算机与交换机之间的 Telnet 连接，成功以后就可以看到交换机的命令提示符"SWITCH>"，如图 3-13 所示。

图 3-12　MS-DOS

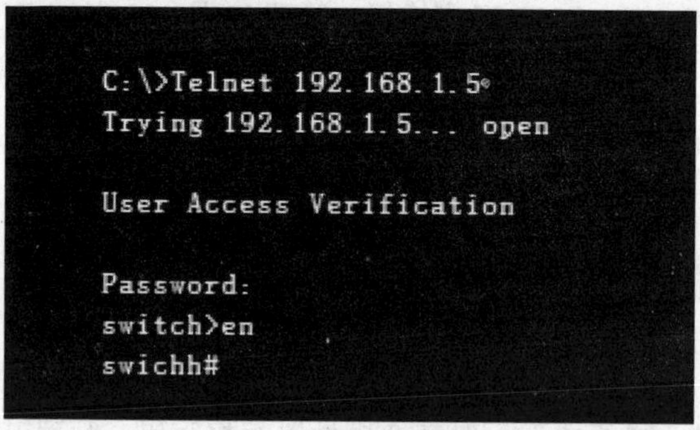

图 3-13　命令窗口

3.4　实例——交换机端口配置与管理

实训目的：

让学生掌握交换机端口配置命令。

实训环境：

一个交换机、一台电脑、相关设备线。

实训导读：

（1）交换机端口配置命令行：
修改交换机名称：hostname　X
配置交换机端口参数：speed，duplex

查看交换机端口版本信息：show version
查看当前生效的配置信息：show running-config
查看保存在 NVRAM 中的启动配置信息：show startup-config
查看端口信息：Switch#show interface
查看交换机的 MAC 地址表：Switch#show mac-address-table
选择某个端口：Switch（config）#interface type mod/port（type 表示端口类型，通常有 ethernet、fastethernet、gigabitethernet；mod 表示端口所在的模块，port 表示在该模块中的编号）。例如：interface fastethernet0/1
选择多个端口：Switch（config）#interface type mod/startport-endport
设置端口通信速度：Switch（config-if）#speed［10/100/auto］
设置端口单双工模式：Switch（config-if）#duplex［half/full/auto］
（2）交换机、路由器中有很多密码，正确设置这些密码可以有效地提高安全性：
设置进入特权模式的密码：Switch（config）#enable password ******
可以设置通过 Console 端口连接设备及 Telnet 远程登录时所需的密码：Switch（config-line）
表示配置控制台线路，0 是控制台的线路编号：Switch（config）#line console 0
用于打开登录认证功能：Switch（config-line）#login
设置进入控制台访问的密码：Switch（config-line）#password ******

实训内容：

任务：某公司新进一批交换机，在投入网络以后要进行初始配置与管理，作为网络管理员，需要对交换机进行端口的配置与管理。实验拓扑如图 3-14 所示。

图 3-14　实验拓扑

```
Switch>enable
Switc#conf  t
Switch（config）#hostname lxm2
Lxm2（config）#interface fa 0/1
Lxm2（config-if）#speed 100
Lxm2（config）#duplex full
Lxm2（config-if）#exit
Lxm2（config）#exit
Lxm2#show version
Lxm2#show run
Lxm2#show interface
Lxm2#show mac-address-table
```

```
Lxm2#config t
Lxm2（config）#enable password 123
Lxm2（config）#no enable password
Lxm2（config）#line console 0
Lxm2（config）#Password 456
Lxm2（config-line）#login
Lxm2（config-line）#no password
```

3.5 实例——交换机 VLAN 配置

实训目的：

（1）理解虚拟 LAN（VLAN）基本配置。
（2）掌握一般交换机按端口划分 VLAN 的配置方法。

实训环境：

一个交换机、一台电脑、相关设备线。

实训导读：

1．什么是 VLAN

VLAN（Virtual Local Area Network）又称虚拟局域网，是指在交换局域网的基础上，采用网络管理软件构建的可跨越不同网段、不同网络的端到端的逻辑网络。一个 VLAN 组成一个逻辑子网，即一个逻辑广播域，它可以覆盖多个网络设备，允许处于不同地理位置的网络用户加入到一个逻辑子网中，相同 VLAN 内的主机可以相互直接通信，不同 VLAN 间的主机之间互相访问必须路由设备进行转发。广播数据包只可以在本 VLAN 内进行广播，不能传输到其他 VLAN 中。

2．组建 VLAN 的条件

VLAN 是建立在物理网络基础上的一种逻辑子网，因此建立 VLAN 需要相应的支持 VLAN 技术的网络设备。当网络中的不同 VLAN 间进行相互通信时，需要路由的支持，这时就需要增加路由设备——要实现路由功能，既可采用路由器，也可采用三层交换机来完成。

3．划分 VLAN 的基本策略

从技术角度讲，VLAN 的划分可依据不同原则，一般有以下三种划分方法：

1）基于端口的 VLAN 划分

这种划分是把一个或多个交换机上的几个端口划分一个逻辑组，一个端口只能属于一个

VLAN，这是最简单、最有效的划分方法。该方法只需网络管理员对网络设备的交换端口进行重新分配即可，不用考虑该端口所连接的设备。

2）基于 MAC 地址的 VLAN 划分

MAC 地址其实就是指网卡的标识符，每一块网卡的 MAC 地址都是唯一且固化在网卡上的。MAC 地址由 12 位 16 进制数表示，前 8 位为厂商标识，后 4 位为网卡标识。网络管理员可按 MAC 地址把一些站点划分为一个逻辑子网。

3）基于路由的 VLAN 划分

路由协议工作在网络层，相应的工作设备有路由器和路由交换机（即三层交换机）。该方式允许一个 VLAN 跨越多个交换机，或一个端口位于多个 VLAN 中。

实训内容：

任务：某小公司拓扑结构如图 3-15 所示，一共有三个部门：财务部、后勤部、生产部，现在需要网络系统能实现三个部门的数据独立，每个部门内部可以互相访问，数据可以共享，但部门与部门之间不能访问，数据也不共享。

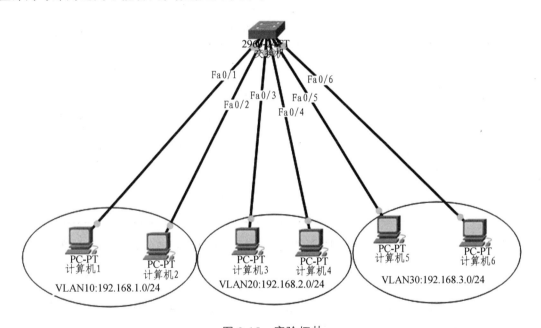

图 3-15 实验拓扑

第一步：绘制拓扑图并给每一个与交换机相连的计算机设定 IP 地址，它们分别是：192.168.1.1，192.168.1.2，192.168.1.3，192.168.1.4，192.168.1.5，192.168.1.6。如图 3-16 所示设置计算机 1 的 IP 地址，其余计算机设定方法一致。

第二步：通过直通线将计算机与交换机连接起来，交换机上电启动。物理连线如表 3-2 所示。

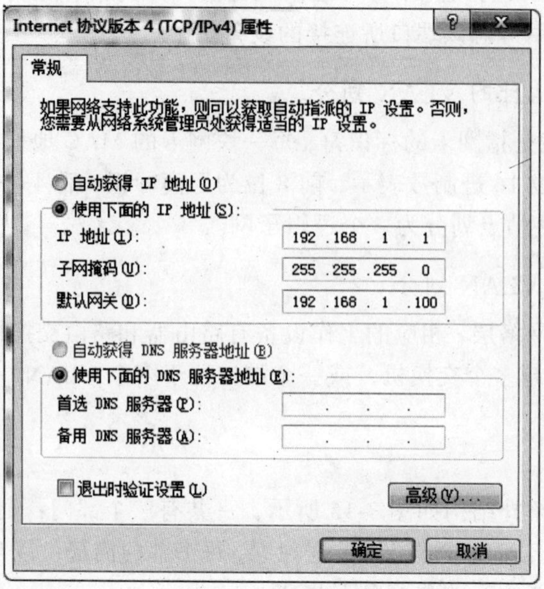

图 3-16 主机设置

表 3-2 连线

交换机接口	计算机名
Fa0/1	计算机 1
Fa0/2	计算机 2
Fa0/3	计算机 3
Fa0/4	计算机 4
Fa0/5	计算机 5
Fa0/6	计算机 6

第三步：交换机中创建三个 VLAN，分别是 VLAN 10，VLAN 20，VLAN 30，代码如下：

```
switch>en
switch#conf t
Enter configuration commands, one per line. End with CNTL/Z.
switch(config)#vlan 10
switch(config-vlan)#vlan 20
switch(config-vlan)#vlan 30
switch(config-vlan)#end
switch#
%SYS-5-CONFIG_I: Configured from console by console
switch#show vlan
```

```
switch#show vlan
VLAN Name                             Status     Ports
---- ------------------------------   ---------  -------------------------------
1    default                          active     Fa0/1, Fa0/2, Fa0/3, Fa0/4
                                                 Fa0/5, Fa0/6, Fa0/7, Fa0/8
                                                 Fa0/9, Fa0/10, Fa0/11, Fa0/12
                                                 Fa0/13, Fa0/14, Fa0/15, Fa0/16
                                                 Fa0/17, Fa0/18, Fa0/19, Fa0/20
                                                 Fa0/21, Fa0/22, Fa0/23, Fa0/24
                                                 Gig0/1, Gig0/2
10   VLAN0010                         active
20   VLAN0020                         active
30   VLAN0030                         active
1002 fddi-default                     act/unsup
1003 token-ring-default               act/unsup
1004 fddinet-default                  act/unsup
1005 trnet-default                    act/unsup
```

第四步：分别把交换机的相应接口划分到三个 VLAN 中。如表 3-3 所示。

表 3-3　VLAN 划分

交换机接口	VLAN 名称
Fa0/1	VLAN10
Fa0/2	
Fa0/3	VLAN20
Fa0/4	
Fa0/5	VLAN30
Fa0/6	

代码如下：

① 把 fa0/1、fa0/2 划入 VLAN 10 中。

```
switch#conf t
switch(config)#int fa0/1
switch(config-if)#switchport mode access
switch(config-if)#switchport access vlan 10
switch(config-if)#no shutdown
switch(config-if)#exit
switch(config)#int fa0/2
switch(config-if)#switchport mode access
switch(config-if)#switchport access vlan 10
switch(config-if)#no shutdown
```

② 把 fa0/3、fa0/4 划入 VLAN 20 中。

```
switch(config)#int fa0/3
switch(config-if)#switchport mode access
switch(config-if)#switchport access vlan 20
switch(config-if)#no shutdown
```

```
switch(config-if)#exit
switch(config)#int fa0/4
switch(config-if)#switchport mode access
switch(config-if)#switchport access vlan 20
switch(config-if)#no shutdown
switch(config-if)#exit
```

③ 把 fa0/5、fa0/6 划入 VLAN 30 中。

```
switch(config)#int fa0/5
switch(config-if)#switchport mode access
switch(config-if)#switchport access vlan 30
switch(config-if)#no shutdown
switch(config-if)#exit
switch(config)#int fa0/6
switch(config-if)#switchport mode access
switch(config-if)#switchport access vlan 30
switch(config-if)#no shutdown
switch(config-if)#end
switch#show vlan
```

④ 查看一下 VLAN 的总体情况。

```
switch#show vlan

VLAN Name                             Status    Ports
---- -------------------------------- --------- -------------------------------
1    default                          active    Fa0/7, Fa0/8, Fa0/9, Fa0/10
                                                Fa0/11, Fa0/12, Fa0/13, Fa0/14
                                                Fa0/15, Fa0/16, Fa0/17, Fa0/18
                                                Fa0/19, Fa0/20, Fa0/21, Fa0/22
                                                Fa0/23, Fa0/24, Gig0/1, Gig0/2
10   VLAN0010                         active    Fa0/1, Fa0/2
20   VLAN0020                         active    Fa0/3, Fa0/4
30   VLAN0030                         active    Fa0/5, Fa0/6
1002 fddi-default                     act/unsup
1003 token-ring-default               act/unsup
1004 fddinet-default                  act/unsup
1005 trnet-default                    act/unsup
```

3.6 实例——VLAN 中继端口

实训目的：

掌握在不同交换机下，相同 VLAN 内的主机如何进行通信。
（1）理解 Trunk 的基本概念。
（2）掌握 VLAN Trunk 的配置方法。
（3）掌握相同 VLAN 如何跨交换机通信。

实训环境：

2 个交换机、4 台电脑、相关设备线。

实训导读：

简单说，端口如果配置为 Trunk 模式，则允许多个 VLAN 的数据通过该端口，同一 VLAN 的主机就可以跨交换机通信。一般是交换机与交换机互联的端口配置成 Trunk。如果是 Cisco 2960 系列交换机的话，要看版本，有的是需要先配置封装，config 模式下举例：

```
inter g0/1.0
switchport trunk encapsulation dot1q
switchport mode trunk
```

配好之后默认是 native VLAN 是 1。有的版本不需要配置封装，直接 "switchport mode Trunk" 就可以。

Trunk 包含两种含义：一种 Trunk 用作端口汇聚，就是把几个物理端口汇聚成一个更大带宽的逻辑端口，从而达到增加带宽的目的。另一种 Trunk 是 VLAN Trunk。就是允许不同的 VLAN 通过同一根链路实现 VLAN 内的通信。VLAN Trunk 主要有两种，802.1Q Trunk 和 ISL Trunk，前者是国际通用的 Trunk 协议，后者是思科私有协议。VLAN Trunk 简而言之即两台交换机，一台有 VLAN 1、VLAN 2、VLAN 3；第二台也有三个相同的 VLAN，为了能让两台交换机相同 VLAN 内的机器通讯，就必须要把两台交换机连接起来。没有 VLAN Trunk，就必须在每台交换机上分别用三个端口（两台共用 6 个端口），把三个 VLAN 连接起来（如果 VLAN 数量增加，互联端口用的就更多）。为了解决这个问题，就产生了 VLAN Trunk 的概念。把经过 VLAN Trunk 的数据包上面增加 VLAN 信息。这样二台交换机上只要有一对端口互联，就能实现不同交换机的 VLAN 间的通讯。

实训内容：

任务：假设某公司有两台交换机，两台交换机都配置相同的 VLAN，现在通过 VLAN 中继，实现相同 VLAN 的跨交换机通信拓扑图，如图 3-17 所示。

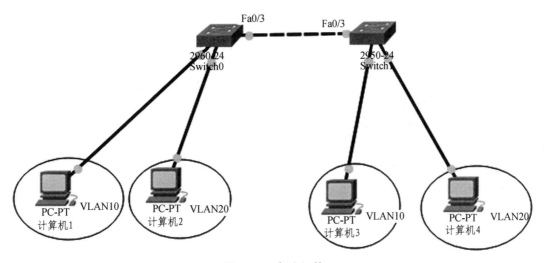

图 3-17　实验拓扑

第一步：按示例拓扑图进行连接，并分别给四台计算机分配 IP 地址：

计算机 1：192.168.1.1

计算机 2：192.168.1.2

计算机 3：192.168.1.3

计算机 4：192.168.1.4

第二步：分别在两台交换机中建立两个 VLAN 10，VLAN 20。

① 在第一个交换机 Switch1 建立两个 VLAN 10，VLAN 20。

```
Switch>en
Switch#conf t
Enter configuration commands, one per line. End with CNTL/Z.
Switch(config)#hostname switch1
switch1(config)#vlan 10
switch1(config-vlan)#vlan 20
switch1(config-vlan)#end
switch1#show vlan
```

```
switch1#show vlan

VLAN Name                             Status    Ports
---- -------------------------------- --------- -------------------------------
1    default                          active    Fa0/1, Fa0/2, Fa0/3, Fa0/4
                                                Fa0/5, Fa0/6, Fa0/7, Fa0/8
                                                Fa0/9, Fa0/10, Fa0/11, Fa0/12
                                                Fa0/13, Fa0/14, Fa0/15, Fa0/16
                                                Fa0/17, Fa0/18, Fa0/19, Fa0/20
                                                Fa0/21, Fa0/22, Fa0/23, Fa0/24
10   VLAN0010                         active
20   VLAN0020                         active
1002 fddi-default                     act/unsup
1003 token-ring-default               act/unsup
1004 fddinet-default                  act/unsup
1005 trnet-default                    act/unsup
```

② 在第二个交换机 Switch2 建立两个 VLAN 10，VLAN 20。

```
Switch>en
Switch#conf t
Enter configuration commands, one per line. End with CNTL/Z.
Switch(config)#hostname switch2
Switch2(config)#vlan 10
Switch2(config-vlan)#vlan 20
Switch2(config-vlan)#end
Switch2#show vlan
```

```
switch2#show vlan

VLAN Name                             Status     Ports
---- -------------------------------- ---------  -------------------------------
1    default                          active     Fa0/1, Fa0/2, Fa0/3, Fa0/4
                                                 Fa0/5, Fa0/6, Fa0/7, Fa0/8
                                                 Fa0/9, Fa0/10, Fa0/11, Fa0/12
                                                 Fa0/13, Fa0/14, Fa0/15, Fa0/16
                                                 Fa0/17, Fa0/18, Fa0/19, Fa0/20
                                                 Fa0/21, Fa0/22, Fa0/23, Fa0/24
10   VLAN0010                         active
20   VLAN0020                         active
1002 fddi-default                     act/unsup
1003 token-ring-default               act/unsup
1004 fddinet-default                  act/unsup
1005 trnet-default                    act/unsup
```

第三步：分别在两个交换机中将 fa0/1、fa0/2 分别划入 VLAN 10 和 VLAN 20。

把 fa0/1 与 fa0/2 分别划入 VLAN 10、VLAN 20 中（交换机 Switch2 过程类似，在此省略）。

```
Switch1#conf t
switch1(config)#int fa0/1
switch1(config-if)#switchport mode access
switch1(config-if)#switchport access vlan 10
switch1(config-if)#no shutdown
switch1(config-if)#exit
switch1(config)#int fa0/2
switch1(config-if)#switchport mode access
switch1(config-if)#switchport access vlan 20
switch1(config-if)#no shutdown
```

```
switch1>en
switch1#show vlan

VLAN Name                             Status     Ports
---- -------------------------------- ---------  -------------------------------
1    default                          active     Fa0/3, Fa0/4, Fa0/5, Fa0/6
                                                 Fa0/7, Fa0/8, Fa0/9, Fa0/10
                                                 Fa0/11, Fa0/12, Fa0/13, Fa0/14
                                                 Fa0/15, Fa0/16, Fa0/17, Fa0/18
                                                 Fa0/19, Fa0/20, Fa0/21, Fa0/22
                                                 Fa0/23, Fa0/24
10   VLAN0010                         active     Fa0/1
20   VLAN0020                         active     Fa0/2
1002 fddi-default                     act/unsup
1003 token-ring-default               act/unsup
1004 fddinet-default                  act/unsup
1005 trnet-default                    act/unsup
```

第四步：两个交换机相连端口设置 Trunk 模式。

首先进入两个交换机相连的接口中，设置 Trunk 模式（Switch2 过程类似，在此省略）。

```
switch1#
```

```
switch1#conf t
switch1(config)#int fa0/3
switch1(config-if)#switchport mode trunk
switch1(config-if)#end
switch1#
switch1#show inter trunk
```

```
switch1#show inter trunk
Port        Mode        Encapsulation   Status      Native vlan
Fa0/3       on          802.1q          trunking    1

Port        Vlans allowed on trunk
Fa0/3       1-1005

Port        Vlans allowed and active in management domain
Fa0/3       1,10,20

Port        Vlans in spanning tree forwarding state and not pruned
Fa0/3       1,10,20
```

第五步：验证相同 VLAN 不同交换机能否正常通信。

① 计算机 1Ping 计算机 3 和计算机 4。

```
PC>ping 192.168.1.3

Pinging 192.168.1.3 with 32 bytes of data:

Reply from 192.168.1.3: bytes=32 time=20ms TTL=128
Reply from 192.168.1.3: bytes=32 time=0ms TTL=128
Reply from 192.168.1.3: bytes=32 time=0ms TTL=128
Reply from 192.168.1.3: bytes=32 time=0ms TTL=128

Ping statistics for 192.168.1.3:
    Packets: Sent = 4, Received = 4, Lost = 0 (0% loss),
Approximate round trip times in milli-seconds:
    Minimum = 0ms, Maximum = 20ms, Average = 5ms

PC>ping 192.168.1.4

Pinging 192.168.1.4 with 32 bytes of data:

Request timed out.
Request timed out.
Request timed out.
Request timed out.

Ping statistics for 192.168.1.4:
    Packets: Sent = 4, Received = 0, Lost = 4 (100% loss),
```

② 计算机 2Ping 计算机 3 和计算机 4。

```
PC>ping 192.168.1.4

Pinging 192.168.1.4 with 32 bytes of data:

Reply from 192.168.1.4: bytes=32 time=1ms TTL=128
Reply from 192.168.1.4: bytes=32 time=0ms TTL=128
Reply from 192.168.1.4: bytes=32 time=0ms TTL=128
Reply from 192.168.1.4: bytes=32 time=0ms TTL=128

Ping statistics for 192.168.1.4:
    Packets: Sent = 4, Received = 4, Lost = 0 (0% loss),
Approximate round trip times in milli-seconds:
    Minimum = 0ms, Maximum = 1ms, Average = 0ms

PC>ping 192.168.1.3

Pinging 192.168.1.3 with 32 bytes of data:

Request timed out.
Request timed out.
Request timed out.
Request timed out.

Ping statistics for 192.168.1.3:
    Packets: Sent = 4, Received = 0, Lost = 4 (100% loss),
```

3.7 实例——交换机 VTP 配置

实训目的：

掌握在相同域环境下，交换机如何学习 VLAN 信息。
（1）理解 VTP 的基本概念。
（2）理解 VTP 的三种工作模式。
（3）掌握 VTP 的基本配置以及应用配置。

实训环境：

2 个交换机、4 台电脑、相关设备线。

实训导读：

1．VTP 概述

VLAN 中继协议（VTP，VLAN Trunking Protocol）是 Cisco 专用协议，大多数交换机都支持该协议。它使用第 2 层帧，在全网的基础上管理 VLAN 的添加、删除和重命名，以实现 VLAN 配置的一致性。这样就不必在每个交换机配置相同的 VLAN 信息，可以用 VTP 管理网络的 VLAN 范围为 1 到 1005。

1）VTP 的优点

（1）保持配置的一致性。

（2）提供跨不同介质类型及 ATM、FDDI 和以太网配置虚拟局域网的方法。

（3）提供跟踪和监视虚拟局域网的方法。

（4）提供检测加到另一个交换机的虚拟局域网的方法。

（5）提供从一个交换机在整个管理域中增加虚拟局域网的方法。

2）VTP 的工作原理

配置了 VTP，就可以在一台交换机上集中配置变更，所作的变更会被自动传播到网络中所有其他的交换机上。（前提是在同一个 VTP 域）。为了实现此功能，必须先建立一个 VTP 管理域，以使它能管理网络上当前的 VLAN。在同一个管理域中的交换机共享它们的 VLAN 信息，并且一个交换机只能参加一个 VTP 管理域，不同域的交换机不能共享 VTP 信息。缺省情况下，Catalyst 交换机处于 VTP 服务器模式，并且不属于任何管理域，直到交换机通过中继链路接收了关于一个域的通告，或者在交换机上配置了一个 VLAN 管理域，交换机才能在 VTP 服务器上把创建或者更改 VLAN 的消息通告给本管理域内的其他交换机。

控制 VTP 功能的一项关键参数是 VTP 配置修改编号，这个 32 位的数字表明了 VTP 配置的特定修改版本。配置修改编号的取值从 0 开始，每修改一次就增加 1，直到达到 4294967295，然后循环归 0，并重新开始增加，每个 VTP 设备会记录自己的 VTP 配置修改编号。VTP 数据包会包含发送者的 VTP 配置修改编号，这一信息用于确定接收到的信息是否比当前的信息更新。如果要将交换机的配置修改号置为 0，只需要禁止中继，改变 VTP 的名称，并再次启用中继。

Catalyst 交换机正常工作在 VTP 下必须是相邻而且同时启用中继，这意味着，VTP 域内的所有交换机形成了一颗相互连接的树，每台交换机都通过这棵树与其他交换机交互。交换机间交换下列信息：

（1）管理域域名。

（2）配置的修订号。交换机使用配置修正号来决定当前交换机的内部数据是否应该接受从其他交换机发来的 VTP 更新信息。如果接收到的 VTP 更新配置修订号与内部数据库的修订号相同或者比它小，交换机忽略更新。否则就更新内部数据库，接受更新信息。

（3）已知虚拟局域网的配置信息。

3．VTP 的运行特点

（1）VTP 通过发送特定 MAC 地址 01-00-0C-CC-CC-CC 的组播 VTP 消息进行工作。

（2）VTP 通告只通过中继端口传递。

（3）VTP 消息通过 VLAN1 传送，（这就是不能将 VLAN1 从中继链路中去除的原因）

（4）在经过了 DTP 自动协商，启动了中继之后，VTP 信息就可以沿着中继链路传送。

4．VTP 的 3 种模式

（1）服务器模式（Server）：VTP 服务器控制着它们所在域中 VLAN 的生成和修改，所有的 VTP 信息都被通告在本域中的其他交换机，而且，所有这些 VTP 信息都是被其他交换机同步接收的。

（2）客户机模式（Client）：VTP 客户机不允许管理员创建、修改或删除 VLAN。它们监听本域中其他交换机的 VTP 通告，并相应修改它们的 VTP 配置情况。

（3）透明模式（Transparent）：VTP 透明模式中的交换机不参与 VTP。当交换机处于透明模式时，它不通告其 VLAN 配置信息。而且，它的 VLAN 数据库更新与收到的通告也不保持同步。但它可以创建和删除本地的 VLAN。不过，这些 VLAN 的变更不会传播到其他任何交换机上。以下是三种功能对比，如表 3-4 所示。

表 3-4 三种功能对比

功 能	Sever	Client	Transparent
提供 VTP 消息	Y	Y	N
监听 VTP 消息	Y	Y	N
修改 VLAN	Y	N	Y 本地有效
记住 VLAN	Y	N/Y 版本问题	Y 本地有效

注：① 提供 VTP 消息是指在所有的 Trunk 端口上发送 VTP 消息。
② 监听 VTP 消息是指监听组播和处理 VTP 的更新。

5．VTP 的消息类型

（1）汇总通告：用于通知邻接的 Catalyst 交换机目前的 VTP 域名和配置修改编号。缺省情下，Catalyst 交换机每 5 分钟发送一次汇总通告。当交换机收到了汇总通告数据包时，它会对比 VTP 域名，如果域名不同，就忽略此数据包；如果域名相同，则进一步对比配置修改编号；如果交换机自身的配置相处改编号更设或与之相等，就忽略此数据包。如果更小，就发送通告请求。

（2）子集通告：如果在 VTP 服务器上增加、删除或者修改了 VLAN，"修改配置编号"就会增加，交换机会首先发送汇总通告，然后发送一个或多个子集通告，挂起或激活某个 VLAN，改变 VLAN 的名称或者 MTU，都会触发子集通告。子集通告中包括 VLAN 列表和相应的 VLAN 信息。如果有多个 VLAN，为了通告所有的信息，可能需要必多个子集通告。

（3）通告请求：交换机在下列三种情况下会发出 VTP 通告请求：交换机重新启动后，VTP 域名变更后，交换机接到配置修改编号比自已高的 VTP 汇总通告。

6．VTP 域内安全

为了使管理域更安全，域内每个交换机都需要配置域名和口令，并且域名和口令必须相同。举例：将 TEST 管理域设置为安全管理域。

进入配置模式：switch：configure terminal
配置 VTP 域名：switch（config）#vtp domain test
配置 VTP 运行模式：switch（config）#vtp mode server
配置 VTP 口令：switch（config）#vtp password my password
返回到特权模式：switch（config）#end

查看 VTP 配置：switch（config）#show vtp status

删除 VTP 管理域中的口令，恢复到缺省状态：switch（config）#no vtp password

7．VTP 的修剪

VTP pruning 是 VTP 的一个功能，它能减少 Trunk 端口的不必要广播，在 Cisco 交换上，VTP 修剪功能缺省是关闭的。缺省情况下，发给某个 VLAN 的广播会送到每一个在中继链路上承载该 VLAN 的交换机，即使交换机上没有位于那个 VLAN 的端口也是如此。VTP 通过修剪来减少没有必要扩散的通信量，来提高中继链路的带宽利用率。

举例如下：

switch（config）# vtp domain domain-name（配置域名）
　　　　vtp mode server/client/transparent（选择模式，默认为 server；数据库模式下为 vtp server, vtp v2-mode）
　　　　vtp password password（配置密码）
　　　　vtp pruning（配置 VTP 修剪）
　　　　vtp version 2（配置版本 2）

查看 VTP 的配置信息：

switch#show vtp status
　show vtp password（模拟器不支持本命令）

8．VTP 的版本

在 VTP 管理域中，有两个 VTP 版本可供采用，Cisco Catalyst 型交换机可运行版本 1，也可运行版本 2，但是在一个管理域中，这两个版本是不可互操作的。因此，在同一个 VTP 域中，每台交换机必须配置相同的 VTP 版本，交换机上默认的版本协议是 VTP 版本 1，如果要在域中使用版本 2，只要在一台服务器模式交换机配置 VTP 版本 2 就可以了。VTP 版本 2 主要增加了以下新功能：

（1）与版本相关的透明模式：在 VTP 版本 1，一个 VTP 透明模式的交换机在用 VTP 转发信息给其他交换机时，应先检查 VTP 版本号和域名是否与本机相匹配，若匹配，才转发该消息。VTP 版本 2 在转发信息时，不检查版本号和域名。

（2）令牌环支持：VTP 版本 2 支持令牌交换和令牌环 VLAN，这个是 VTP 版本 2 和版本 1 的最大区别。

设置 VTP 版本 2 的步骤如下：

Switch#config terminal
Switch（config）#vtp version 2
Switch#show vtp status

9．VTP 如何在域内增加、减少交换机

（1）增加交换机：VTP 域是由多台共享同一 VTP 域名互联设备组成。交换机只能属于某个 VTP 域内，各个交换机上的 VLAN 信息是通过交换机互联中继端口进行传播。要把一个交换机加入一个 VTP 域内，可以使用"VTP DOMAIN DOMAIN-NAME"。当一个新交换机配置了 VTP 的域和服务器模式后，交换机每隔 300 s，或每当 VLAN 结构发生变化时，就会通告一次。将新的交换机添加域中，一定要保证该交换机的修订号已经为 0。VTP 修订号存储在 NVRAM 中，交换机的电源开关不会改变这个设定值。可以使用下列方法：

① 将交换机的 VTP 模式变到透明模式，然后再变回服务器模式。

② 将交换机的域名修改为一个其他的域名（一个不存在的域），然后再回到原来的域名。

③ 使用"erase startup-config"或"erase nvram"命令，清除交换机的配置和 VTP 信息，再次启动。

（2）删除交换机：要从管理域中删除交换机，只要在交换机上删除 VTP 域名的配置，或者将交换机配置为透明模式，即可让这个交换机脱离该 VTP 管理域。

10．配置 VTP

在开始配置 VTP 和 VLAN 之前，必须事先做好准备：

（1）确定将在网络中运行的 VTP 版本。

（2）决定交换机是成为已有管理域的成员，还是为其创立一个新的管理域，如果要加入到已有的管理域中，则确定它的名称和口令。

（3）为交换机选择一个 VTP 的工作模式。

（4）是否需用启用修剪功能。

1）创立 VTP 域

域名长度可达 32 字符，口令可是 64 个字符长，至少应该有一台交换机被设置为服务器模式。一台交换机不想与网络中的其他交换机共享 VLAN 信息，刚可以将它们设置为透明模式。建议至少将两台核心交换机设置为 VTP 服务器模式，而将其他交换机设置为 VTP 客户机模式。如果交换机掉电了，它重启后，可以从服务器获得有效的 VLAN 信息。

进入全局配置模式：switch#config terminal

加入到某个管理域：switch（config）#vtp domain test

（1）配置 VTP 服务器。

```
Switch(config)#vtp domain domain-name
Switch(config)#vtp mode server
Switch#show vtp status
```

（2）配置 VTP 客户端。

```
Switch(config)#vtp domain domain-name
Switch(config)#vtp mode client
Switch(config)#exit
```

（3）配置 VTP 透明模式。

```
Switch(config)#vtp domain domain-name
Switch(config)#vtp mode transparent
Switch(config)#exit
```

2) VTP 域内的安全、修剪、版本的设置

（1）VTP 口令的配置。

Switch（config）#vtp password mypassword
Switch（config）#no vtp password   （删除密码）

（2）VTP 修剪。

缺省情况下，基于 IOS 交换机的中继产品，VLAN 2-1001 都是可修剪的。要在管理域内启动修剪：

启动 VTP 修剪：Switch（config）#vtp pruning

指定要修剪的特定 VLAN：Switchport Trunk pruningvlan vlan-id

检查 VTP 修剪的配置：show vtp status 和 show interface interface-id switchport

实训内容：

任务：某公司有如图 3-18 的拓扑结构网络，服务器模式交换机上的 VLAN 信息通过中继端口通告给客户机模式的交换机，在透明模式的交换机上创建独立的 VLAN。

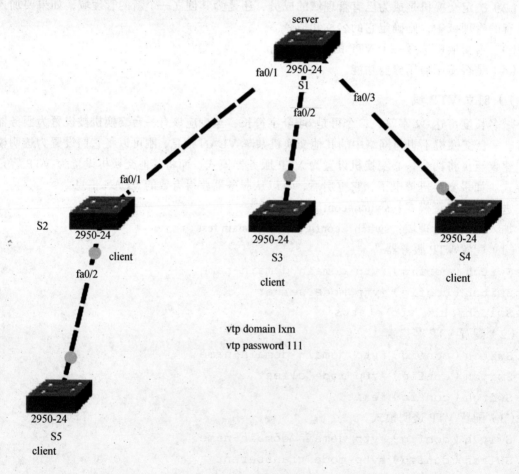

图 3-18　实验拓扑

第一步：根据拓扑图完成网络电缆连接，具体信息如表 3-5 所示。

表 3-5

设备	工作模式	配置 Trunk 接口	域名	密码
S1	Server	fa0/1、fa0/2、fa0/3	lxm	111
S2	Client	Fa0/2	lxm	111
S3	Client		lxm	111
S4	Client		lxm	111
S5	Client		lxm	111

端口分配（交换机 S1）如表 3-6 所示。

表 3-6 端口分配

端口	分配
Fa0/10	VLAN10
Fa0/20	VLAN20

第二步：把 5 台交换机配置清除干净，重启交换机。

switch#delete flash: vlan.dat
switch#erase startup-config
switch#reload

（其余交换机采用相同步骤）

第三步：设置各交换机的显示名和主机名分别为 S1、S2、S3、S4、S5。

S1：

  Switch>en
  Switch#conf t
  Enter configuration commands, one per line. End with CNTL/Z.
  Switch(config)#hostname S1
  S1(config)#

S2：

  Switch>en
  Switch#conf t
  Enter configuration commands, one per line. End with CNTL/Z.
  Switch(config)#hostname S2
  S2(config)#

S3：

  Switch>en
  Switch#conf t

```
Enter configuration commands, one per line. End with CNTL/Z.
Switch(config)#hostname S3
S3(config)#
```

S4:
```
Switch>en
Switch#conf t
Enter configuration commands, one per line. End with CNTL/Z.
Switch(config)#hostname S4
S4(config)#
```

S5:
```
Switch>en
Switch#conf t
Enter configuration commands, one per line. End with CNTL/Z.
Switch(config)#hostname S5
S5(config)#
```

第四步：将交换机与交换机相连的端口设置为中继端口。

S1:
```
S1(config)#interface range f0/1-3
S1(config-if-range)#switchport mode trunk
S1(config-if-range)#end
```

查看设置是否成功：

```
S1#show interface trunk
Port        Mode         Encapsulation   Status        Native vlan
Fa0/1       on           802.1q          trunking      1
Fa0/2       on           802.1q          trunking      1
Fa0/3       on           802.1q          trunking      1

Port        Vlans allowed on trunk
Fa0/1       1-1005
Fa0/2       1-1005
Fa0/3       1-1005

Port        Vlans allowed and active in management domain
Fa0/1       1
Fa0/2       1
Fa0/3       1

Port        Vlans in spanning tree forwarding state and not pruned
Fa0/1       1
Fa0/2       1
Fa0/3       1
```

S2:
```
S2(config)#interface fa0/2
S2(config-if)#switchport mode trunk
```

查看设置是否成功：

```
S2#show interface trunk
Port        Mode         Encapsulation    Status      Native vlan
Fa0/1       auto         n-802.1q         trunking    1
Fa0/2       on           802.1q           trunking    1

Port        Vlans allowed on trunk
Fa0/1       1-1005
Fa0/2       1-1005

Port        Vlans allowed and active in management domain
Fa0/1       1
Fa0/2       1

Port        Vlans in spanning tree forwarding state and not pruned
Fa0/1       1
Fa0/2       none
```

第五步：在 S1 上配置 VTP，模式为服务器模式。

```
S1(config)#vtp mode server
S1(config)#vtp domain lxm
S1(config)#vtp password 111
```

第六步：在 S2、S3、S4、S5 配置 VTP，模式为客户模式。

```
S2(config)#vtp mode client
S2(config)#vtp domain lxm
S2(config)#vtp password 111

S3(config)#vtp mode client
S3(config)#vtp domain lxm
S3(config)#vtp password 111

S4(config)#vtp mode client
S4(config)#vtp domain lxm
S4(config)#vtp password 111

S5(config)#vtp mode client
S5(config)#vtp domain lxm
S5(config)#vtp password 111
```

第七步：分别在交换机 S1、S2、S3、S4、S5 上查看 VTP 设置是否配置成功。

```
S1#show vtp status
VTP Version                     : 2
Configuration Revision          : 0
Maximum VLANs supported locally : 255
Number of existing VLANs        : 5
VTP Operating Mode              : Server
VTP Domain Name                 : lxm
VTP Pruning Mode                : Disabled
VTP V2 Mode                     : Disabled
VTP Traps Generation            : Disabled
MD5 digest                      : 0x39 0x8A 0x2E 0xC6 0x05 0x26 0xA6 0xD2
Configuration last modified by 0.0.0.0 at 0-0-00 00:00:00
Local updater ID is 0.0.0.0 (no valid interface found)
```

```
S2>en
S2#show vtp status
VTP Version                     : 2
Configuration Revision          : 0
Maximum VLANs supported locally : 255
Number of existing VLANs        : 5
VTP Operating Mode              : Client
VTP Domain Name                 : lxm
VTP Pruning Mode                : Disabled
VTP V2 Mode                     : Disabled
VTP Traps Generation            : Disabled
MD5 digest                      : 0x39 0x8A 0x2E 0xC6 0x05 0x26 0xA6 0xD2
Configuration last modified by 0.0.0.0 at 0-0-00 00:00:00


S3>en
S3#show vtp status
VTP Version                     : 2
Configuration Revision          : 0
Maximum VLANs supported locally : 255
Number of existing VLANs        : 5
VTP Operating Mode              : Client
VTP Domain Name                 : lxm
VTP Pruning Mode                : Disabled
VTP V2 Mode                     : Disabled
VTP Traps Generation            : Disabled
MD5 digest                      : 0x39 0x8A 0x2E 0xC6 0x05 0x26 0xA6 0xD2
Configuration last modified by 0.0.0.0 at 0-0-00 00:00:00


S4>en
S4#show vtp status
VTP Version                     : 2
Configuration Revision          : 0
Maximum VLANs supported locally : 255
Number of existing VLANs        : 5
VTP Operating Mode              : Client
VTP Domain Name                 : lxm
VTP Pruning Mode                : Disabled
VTP V2 Mode                     : Disabled
VTP Traps Generation            : Disabled
MD5 digest                      : 0x39 0x8A 0x2E 0xC6 0x05 0x26 0xA6 0xD2
Configuration last modified by 0.0.0.0 at 0-0-00 00:00:00

S5>en
S5#show vtp status
VTP Version                     : 2
Configuration Revision          : 0
Maximum VLANs supported locally : 255
Number of existing VLANs        : 5
VTP Operating Mode              : Client
VTP Domain Name                 : lxm
VTP Pruning Mode                : Disabled
VTP V2 Mode                     : Disabled
VTP Traps Generation            : Disabled
MD5 digest                      : 0x39 0x8A 0x2E 0xC6 0x05 0x26 0xA6 0xD2
Configuration last modified by 0.0.0.0 at 0-0-00 00:00:00
```

第八步：在交换机 S1 上创建两个 VLAN 10、VLAN 20，并把端口 fa0/10、fa0/20 分别划入 VLAN 10 和 VLAN 20 中。

```
S1(config)#vlan 10
S1(config-vlan)#name xuemei1
S1(config-vlan)#vlan 20
S1(config-vlan)#name xuemei2
S1(config-vlan)#exit
S1(config)#interface fa0/10
S1(config-if)#switchport access vlan 10
S1(config-if)#exit
S1(config)#interface fa0/20
S1(config-if)#switchport access vlan 20
```

第九步：分别在交换机 S1、S2、S3、S4、S5 上查看 VLAN 配置：

```
S1#show vlan brief

VLAN Name                             Status    Ports
---- -------------------------------- --------- -------------------------------
1    default                          active    Fa0/4, Fa0/5, Fa0/6, Fa0/7
                                                Fa0/8, Fa0/9, Fa0/11, Fa0/12
                                                Fa0/13, Fa0/14, Fa0/15, Fa0/16
                                                Fa0/17, Fa0/18, Fa0/19, Fa0/21
                                                Fa0/22, Fa0/23, Fa0/24
10   xuemei1                          active    Fa0/10
20   xuemei2                          active    Fa0/20
1002 fddi-default                     active
1003 token-ring-default               active
1004 fddinet-default                  active
1005 trnet-default                    active


S2#show vlan brief

VLAN Name                             Status    Ports
---- -------------------------------- --------- -------------------------------
1    default                          active    Fa0/3, Fa0/4, Fa0/5, Fa0/6
                                                Fa0/7, Fa0/8, Fa0/9, Fa0/10
                                                Fa0/11, Fa0/12, Fa0/13, Fa0/14
                                                Fa0/15, Fa0/16, Fa0/17, Fa0/18
                                                Fa0/19, Fa0/20, Fa0/21, Fa0/22
                                                Fa0/23, Fa0/24
10   xuemei1                          active
20   xuemei2                          active
1002 fddi-default                     active
1003 token-ring-default               active
1004 fddinet-default                  active
1005 trnet-default                    active
```

```
S3#show vlan brief

VLAN Name                             Status    Ports
---- -------------------------------- --------- -------------------------------
1    default                          active    Fa0/2, Fa0/3, Fa0/4, Fa0/5
                                                Fa0/6, Fa0/7, Fa0/8, Fa0/9
                                                Fa0/10, Fa0/11, Fa0/12, Fa0/13
                                                Fa0/14, Fa0/15, Fa0/16, Fa0/17
                                                Fa0/18, Fa0/19, Fa0/20, Fa0/21
                                                Fa0/22, Fa0/23, Fa0/24
10   xuemei1                          active
20   xuemei2                          active
1002 fddi-default                     active
1003 token-ring-default               active
1004 fddinet-default                  active
1005 trnet-default                    active

S4#show vlan brief

VLAN Name                             Status    Ports
---- -------------------------------- --------- -------------------------------
1    default                          active    Fa0/2, Fa0/3, Fa0/4, Fa0/5
                                                Fa0/6, Fa0/7, Fa0/8, Fa0/9
                                                Fa0/10, Fa0/11, Fa0/12, Fa0/13
                                                Fa0/14, Fa0/15, Fa0/16, Fa0/17
                                                Fa0/18, Fa0/19, Fa0/20, Fa0/21
                                                Fa0/22, Fa0/23, Fa0/24
10   xuemei1                          active
20   xuemei2                          active
1002 fddi-default                     active
1003 token-ring-default               active
1004 fddinet-default                  active
1005 trnet-default                    active

S5#show vlan brief

VLAN Name                             Status    Ports
---- -------------------------------- --------- -------------------------------
1    default                          active    Fa0/2, Fa0/3, Fa0/4, Fa0/5
                                                Fa0/6, Fa0/7, Fa0/8, Fa0/9
                                                Fa0/10, Fa0/11, Fa0/12, Fa0/13
                                                Fa0/14, Fa0/15, Fa0/16, Fa0/17
                                                Fa0/18, Fa0/19, Fa0/20, Fa0/21
                                                Fa0/22, Fa0/23, Fa0/24
10   xuemei1                          active
20   xuemei2                          active
1002 fddi-default                     active
1003 token-ring-default               active
1004 fddinet-default                  active
1005 trnet-default                    active
```

结论：S2、S3、S4、S5 已经通过 VTP 协议学习到了 S1 上的 VLAN 信息，但是不学习 VLAN 中添加的端口。

第十步：在 S1 上删除 VLAN 10，并在其他交换机上运行 show vlan brief 命令。

S1（config）#no vlan 10

结论：每台交换机都不存在 VLAN 10，服务器模式交换机上的 VLAN 有变化，则客户机模式交换机上的 VLAN 会同步。

第十一步：需要在 S2 上单独创建 VLAN 30，其他交换机学习不到 VLAN 30。
实现方法：将 S2 的 VTP 模式改为透明模式，在 S2 上创建 VLAN 30。
S2(config)#vtp mode transparent

```
S2#show vtp status
VTP Version                     : 2
Configuration Revision          : 0
Maximum VLANs supported locally : 255
Number of existing VLANs        : 6
VTP Operating Mode              : Transparent
VTP Domain Name                 : lxm
VTP Pruning Mode                : Disabled
VTP V2 Mode                     : Disabled
VTP Traps Generation            : Disabled
MD5 digest                      : 0x35 0x56 0x68 0x5C 0xD2 0x9B 0x29 0x94
Configuration last modified by 0.0.0.0 at 3-1-93 01:38:52
```

结论：只在 S2 上有 VLAN 30，透明模式交换机只传递 VLAN，不会把自身的 VLAN 信息通告给其他交换机。

第十二步：配置修剪、版本 2。
S1(config)#vtp pruning
S1(config)#vtp version 2

总结：VTP 修剪和 VTP 版本只需要在一个 VTP Server 上进行即可，其他 Server 或者 Client 会自动跟着更改。VTP 修剪是为了防止不必要的流量从 Trunk 链路中通过，通常需要启用。

3.8　实例——三层交换机配置与管理

实训目的：

掌握三层交换机的端口配置以及如何通过三层交换机实现不同 VLAN 间的通信。
（1）理解三层交换机与二层交换机的基本概念。
（2）理解三层交换机的工作原理。
（3）掌握三层交换机端口的基本配置以及应用配置。

实训环境：

1 个三层交换机、1 个二层交换机、4 台电脑、相关设备线。

实训导读：

1．三层交换机简介

三层交换机，本质上就是带有路由功能的二层交换机，我们可以将它简单地看成是一台路由器和一台二层交换机的叠加。三层交换机是将二层交换机和路由器两者的优势有机而智能地结合起来，它可在各个层次提供线速转发性能。在一台三层交换机内，分别设置了交换机模块和路由器模块，而内置的路由模块与交换模块类似，也使用 ASIC 硬件处理路由。因此，与传统的路由器相比，三层交换机可以实现高速路由。并且，路由与交换模块是汇集链接的，由于是内部链接，可以确保相当大的宽带。另外，三层交换机最重要的特点就是二层交换机使用的是 MAC 地址交换表，而三层交换机使用的是基于 IP 地址的交换表。

为了使交换机进行三层交换，交换机还应启动要使用的协议的路由选择（routing）功能。因此在全局配置模式，使用以下配置命令来启动指定协议的路由功能：

`protocol routing`

其中 protocol 代表要启动路由功能的协议，其取值可以是 appletalk、ip 和 ipx。对于 ip 协议，交换机默认启用了的，对于其他的 appletalk 和 ipx 协议则默认是禁用。对于使用 TCP/IP 协议通信的网络，启用 IP 协议的路由选择功能即可。有的三层交换机默认是启用了 ip 路由协议的，但有些默认没有启用，比如 Cisco 3750。若要开启 ip 路由功能，则执行以下命令：

`ip routing`

当 IP 路由功能开启后，就可以在特权模式下，通过如下步骤便可以配置 SVI（交换虚拟接口）接口实现 VLAN 间的路由：

（1）Switch#configure terminal（进入全局配置模式）

（2）Switch（config）#interface vlan vlan-id（进入 SVI 接口配置模式）

（3）Switch（config-if）#ip address ip-address mask（给 VLAN 的 SVI 接口配置 IP 地址）

这些 IP 地址将作为各个 VLAN 内主机的网关，并且这些 SVI 接口所在的网段也会作为直连路由出现在三层交换机的路由表中。

直连路由是指为三层交换设备的接口配置 IP 地址，并且激活该端口，三层设备会自动产生该接口 IP 所在网段的直连路由信息。

SVI 是指为交换机中的 VLAN 创建虚拟接口，并且配置 IP 地址。

（1）Switch（config-if）#end（回到特权命令模式）

（2）Switch#show running-config（检查一下刚才的配置是否正确）

（3）Switch#show ip route（检查配置 SVI 接口所在的网段是否已经出现在路由表中）

注意：只有当 VLAN 内有激活的接口时，即有主机连入该 VLAN 时，该 VLAN 的 SVI 接口所在的网段才会出现在路由表中。

（4）如果需要保存刚才的配置结果，可以继续使用 write 命令或者 copy 命令保存配置。

在交换机网络中，通过 VLAN 对一个物理网络进行逻辑划分，不同的 VLAN 之间无法直接访问的，必须通过三层的路由设备进行连接。一般利用路由器或三层交换机来实现不同 VLAN 之间的互相访问。三层交换机和路由器具备网络层的功能，能够根据数据的 IP 包头信息，进行选路和转发，从而实现不同网段之间的访问。

三层交换机实现 VLAN 互访的原理是，利用三层交换机的路由功能，通过识别数据包的 IP 地址，查找路由表进行选路转发。三层交换机利用直连路由可以实现不同 VLAN 之间的互相访问。三层交换机给接口配置 IP 地址，采用 SVI 的方式实现 VLAN 间互联。

需要注意的事项：

（1）两台交换机之间连接的端口应该设置为 Tag VLAN 模式。

（2）为 SVI 端口设置 IP 地址后，一定要使用 no shutdown 命令进行激活，否则无法正常使用。

（3）如果 VLAN 内没有激活端口，相应 VLAN 的 SVI 端口将无法被激活。

（4）需要设置 PC 的网关为相应 VLAN 的 SVI 接口地址。

2．配置三层接口

将三层交换机的接口作为三层接口后，就可将该端口当作路由器端口来使用。在对端口进行配置之前，应注意先选择要配置的端口。

1）选择物理端口

配置命令：interface type mod/port

Cisco Catalyst 3550 交换机端口的模块号均为 0，只有一个模块插槽。可选的光纤模块，其模块号也为 0。

2）端口的 2 层与 3 层选择

3 层交换机的端口，即可用作 2 层的交换端口，也可用作 3 层的路由端口。为了将端口配置成 3 层端口，必须执行 no switchport 命令禁止 2 层操作，启用 3 层操作。

将端口设置为 3 层，配置命令：no switchport

将端口设置为 2 层，配置命令：switchport

执行该命令时，端口先被禁用，然后再重新启用。对于运行 Supervisor IOS 的 4000 和 6000 系列的交换机，其端口默认运行在 3 层的路由模式；对于 Cisco Catalyst 3550 则默认运行在 2 层的交换端口模式。

3）为 3 层端口配置 IP 地址

对于 IP 网络，应为 3 层端口指定 IP 地址，该地址以后成为所连广播域内其他 2 层接入交换机和客户机的网关地址。

IP 地址配置命令：ip address address netmask

删除接口的 IP 地址：no ip address

实训内容：

任务：某企业中有 2 个部门：后勤部和行政部（2 个部门 PC 机 IP 地址在不同网段），其中后勤部的 PC 机分散连接在 2 台交换机上，配置交换机使得后勤部 PC 能够实现相互通信，而且后勤部和行政部之间也能相互通信。

第一步：按如图 3-19 中实验拓扑连接设备，并按图中所示配置 PC 机的 IP 地址如表 3-7 所示。后勤部 1、后勤部 2 网段相同可以通信，但是它们与行政部 1 是不同网段，所以行政部 1 不能与另外两台 PC 机（后勤部）通信。

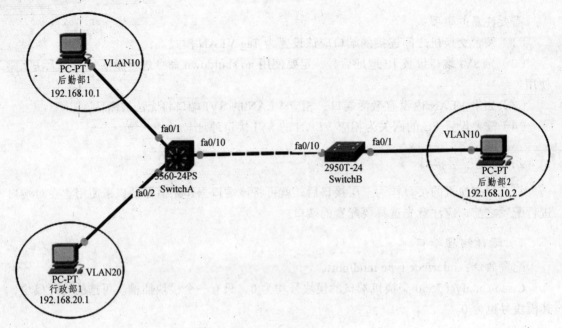

图 3-19 实验拓扑

表 3-7 PC 机各部分 IP 地址

后勤部 1	192.168.10.1
后勤部 2	192.168.10.2
行政部 1	192.168.20.1

第二步：在交换机 SwitchA 上创建 VLAN 10，并将 fa0/1 划入 VLAN 10 中。

```
switchA(config)#vlan 10
switchA(config-vlan)#name houqin
switchA(config-vlan)#exit
switchA(config)#interface fa0/1
switchA(config-if)#switchport access vlan 10
```

第三步：验证已创建 VLAN 10，并将 fa0/1 加入 VLAN 10 中

```
switchA#show vlan

switchA#show vlan

VLAN Name                             Status    Ports
---- -------------------------------- --------- -------------------------------
1    default                          active    Fa0/2, Fa0/3, Fa0/4, Fa0/5
                                                Fa0/6, Fa0/7, Fa0/8, Fa0/9
                                                Fa0/10, Fa0/11, Fa0/12, Fa0/13
                                                Fa0/14, Fa0/15, Fa0/16, Fa0/17
                                                Fa0/18, Fa0/19, Fa0/20, Fa0/21
                                                Fa0/22, Fa0/23, Fa0/24, Gig0/1
                                                Gig0/2
10   houqin                           active    Fa0/1
1002 fddi-default                     act/unsup
1003 token-ring-default               act/unsup
1004 fddinet-default                  act/unsup
1005 trnet-default                    act/unsup
```

第四步：在交换机 SwitchA 上创建 VLAN 20，并将 fa0/2 划分到 VLAN 20 中。

switchA（config）#vlan 20
switchA（config-vlan）#name xingzheng
switchA（config-vlan）#exit
switchA（config）#interface fa0/2
switchA（config-if）#switchport access vlan 20

第五步：验证已创建 VLAN 20，并将 fa0/2 划分到 VLAN 20 中。

```
switchA#show vlan

VLAN Name                             Status    Ports
---- -------------------------------- --------- -------------------------------
1    default                          active    Fa0/3, Fa0/4, Fa0/5, Fa0/6
                                                Fa0/7, Fa0/8, Fa0/9, Fa0/10
                                                Fa0/11, Fa0/12, Fa0/13, Fa0/14
                                                Fa0/15, Fa0/16, Fa0/17, Fa0/18
                                                Fa0/19, Fa0/20, Fa0/21, Fa0/22
                                                Fa0/23, Fa0/24, Gig0/1, Gig0/2
10   houqin                           active    Fa0/1
20   xingzheng                        active    Fa0/2
1002 fddi-default                     act/unsup
1003 token-ring-default               act/unsup
1004 fddinet-default                  act/unsup
1005 trnet-default                    act/unsup
```

第六步：在交换机 SwitchB 上创建 VLAN 10，并将 fa0/1 划分到 VLAN 10 中，最后验证所有命令是否成功。

switchB（config）#VLAN 10
switchB（config-vlan）#name houqin
switchB（config-vlan）#exit
switchB（config）#interface fa0/1
switchB（config-if）#switchport access vlan 10

```
switchB#show vlan

VLAN Name                             Status    Ports
---- -------------------------------- --------- -------------------------------
1    default                          active    Fa0/2, Fa0/3, Fa0/4, Fa0/5
                                                Fa0/6, Fa0/7, Fa0/8, Fa0/9
                                                Fa0/10, Fa0/11, Fa0/12, Fa0/13
                                                Fa0/14, Fa0/15, Fa0/16, Fa0/17
                                                Fa0/18, Fa0/19, Fa0/20, Fa0/21
                                                Fa0/22, Fa0/23, Fa0/24, Gig0/1
                                                Gig0/2
10   houqin                           active    Fa0/1
1002 fddi-default                     act/unsup
1003 token-ring-default               act/unsup
1004 fddinet-default                  act/unsup
1005 trnet-default                    act/unsup
```

第七步：在 SwitchB 与 SwitchA 相连的端口（此处为 fa0/10）上配置 Trunk 通道模式，并验证配置是否成功。

```
switchB(config)#interface fa0/10
switchB(config-if)#switchport mode trunk
switchB(config-if)#end
```

```
switchB#show interface trunk
Port        Mode        Encapsulation   Status      Native vlan
Fa0/10      on          802.1q          trunking    1
```

第八步：设置三层交换机 VLAN 间通讯，开启三层交换机的路由功能。

```
switchA>en
switchA#configure terminal
Enter configuration commands, one per line. End with CNTL/Z.
switchA(config)#ip routing
switchA(config)#interface vlan 10
switchA(config-if)#
%LINK-5-CHANGED: Interface Vlan10, changed state to up
%LINEPROTO-5-UPDOWN: Line protocol on Interface Vlan10, changed state to up

switchA(config-if)#ip address 192.168.10.100 255.255.255.0
switchA(config-if)#exit
switchA(config)#interface vlan 20
switchA(config-if)#
%LINK-5-CHANGED: Interface Vlan20, changed state to up
%LINEPROTO-5-UPDOWN: Line protocol on Interface Vlan20, changed state to up

switchA(config-if)#ip address 192.168.20.100 255.255.255.0
```

第九步：分别设置后勤部 1 和后勤部 2 的电脑网关为 192.168.10.100，行政部 1 的电脑网关 192.168.20.100。

后勤部 1：

IP Address	192.168.10.1
Subnet Mask	255.255.255.0
Default Gateway	192.168.10.100

后勤部 2：

IP Address	192.168.10.2
Subnet Mask	255.255.255.0
Default Gateway	192.168.10.100

行政部 1：

IP Address	192.168.20.1
Subnet Mask	255.255.255.0
Default Gateway	192.168.20.100

第十步：分别测试后勤部与行政部两个不同的部门的三台电脑之间的连通性。

后勤部 1Ping 后勤部 2、行政部 1：

```
PC>ping 192.168.10.2

Pinging 192.168.10.2 with 32 bytes of data:

Reply from 192.168.10.2: bytes=32 time=1ms TTL=128
Reply from 192.168.10.2: bytes=32 time=0ms TTL=128
Reply from 192.168.10.2: bytes=32 time=0ms TTL=128
Reply from 192.168.10.2: bytes=32 time=0ms TTL=128

Ping statistics for 192.168.10.2:
    Packets: Sent = 4, Received = 4, Lost = 0 (0% loss),
Approximate round trip times in milli-seconds:
    Minimum = 0ms, Maximum = 1ms, Average = 0ms

PC>ping 192.168.20.1

Pinging 192.168.20.1 with 32 bytes of data:

Reply from 192.168.20.1: bytes=32 time=1ms TTL=127
Reply from 192.168.20.1: bytes=32 time=0ms TTL=127
Reply from 192.168.20.1: bytes=32 time=0ms TTL=127
Reply from 192.168.20.1: bytes=32 time=0ms TTL=127

Ping statistics for 192.168.20.1:
    Packets: Sent = 4, Received = 4, Lost = 0 (0% loss),
Approximate round trip times in milli-seconds:
    Minimum = 0ms, Maximum = 1ms, Average = 0ms
```

行政部 1Ping 后勤部 1 后勤部 2：

```
PC>ping 192.168.10.1

Pinging 192.168.10.1 with 32 bytes of data:

Reply from 192.168.10.1: bytes=32 time=0ms TTL=127
Reply from 192.168.10.1: bytes=32 time=0ms TTL=127
Reply from 192.168.10.1: bytes=32 time=0ms TTL=127
Reply from 192.168.10.1: bytes=32 time=0ms TTL=127

Ping statistics for 192.168.10.1:
    Packets: Sent = 4, Received = 4, Lost = 0 (0% loss),
Approximate round trip times in milli-seconds:
    Minimum = 0ms, Maximum = 0ms, Average = 0ms

PC>ping 192.168.10.2

Pinging 192.168.10.2 with 32 bytes of data:

Request timed out.
Reply from 192.168.10.2: bytes=32 time=0ms TTL=127
Reply from 192.168.10.2: bytes=32 time=0ms TTL=127
Reply from 192.168.10.2: bytes=32 time=0ms TTL=127

Ping statistics for 192.168.10.2:
    Packets: Sent = 4, Received = 3, Lost = 1 (25% loss),
Approximate round trip times in milli-seconds:
    Minimum = 0ms, Maximum = 0ms, Average = 0ms
```

3.9 实例——生成树 STP 配置与管理

实训目的：

掌握交换网络生成对协议 STP 配置与管理。
（1）理解冗余拓扑结构的优点与缺点。
（2）理解生成树协议原理及配置。
（3）掌握生成树与快速生成树的应用配置。

实训环境：

1 个三层交换机、1 个二层交换机、4 台电脑、相关设备线。

实训导读：

1．生成树相关概述

为了实现设备之间的冗余配置，往往需要对网络中的关键设备和关键链路进行备份。若采用冗余拓扑结构，当设备或链路故障时其提供备份设备或链路，从而保证正常通信。但是，如果网络设计不合理，这些冗余设备及链路构成的环路会引发很多问题，导致网络设计失败。

ST（spanning-tree，生成树）在交换网络中提供冗余备份链路，并且解决交换网络中的环路问题，从而避免报文在环路网络中的增生和无限循环，通过在桥之间交换 BPDU（bridge protocol data unit，桥协议数据单元），来保证设备完成生成树的计算过程。

生成树协议（spanning-tree protocol）最主要的应用是为了避免局域网中的网络回环，解决回环以太网的"广播风暴"问题，从某种意义上说这是一种网络保护技术，可以消除由于失误或者意外带来的循环连接。STP 也提供了网络备份连接的可能，交换网络在正常工作时将冗余备份链路逻辑上断开，当主要链路出现故障时，能够自动的切换到备份链路，保证数据的正常转发。如图 3-20 所示，图中标识有星形图形标志的冗余链路如果阻断就可以消除可能存在的路径回环；另一方面当活动路径发生故障，SPA 激活冗余备份链路恢复网络连通性。

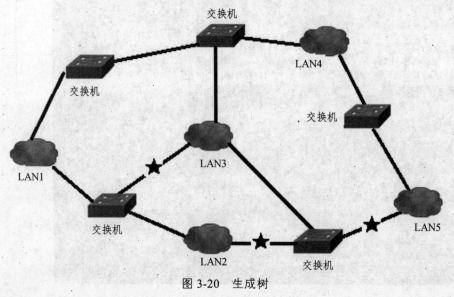

图 3-20 生成树

生成树协议目前常见的版本有 STP（生成树协议 IEEE802.1D）RSTP（快速生成树协议 IEEE802.1W）、MSTP（多生成树协议 IEEE8202.1S）。生成树协议的特点是收敛时间长。当主要链路出现故障以后，到切换备份链路需要 50 s。快速生成树协议（RSTP）在生成树协议的基础上增加了两种端口角色：替换端口和备份端口，分别作为根端口和指定端口的冗余端口。当根端口或指定端口出现故障时，冗余端口不需要经过 50 s 的收敛时间，可以直接接切换到替换端口或备份端口，从而实现 RSTP 协议小于 1 s 的快速收敛。MSTP 将多个 VLAN 捆绑到一个实例，每个实例生成独立的生成树，并在多条 Trunk 链路上实现 VLAN 级负载分担。相比之下 MSTP 具有 RSTP 的快速收敛，同时又具有负载分担机制，它兼容 STP 和 RSTP。表 3-8 是三种协议的特性比较：

表 3-8　三种协议特性比较

特性列表	STP	RSTP	MSTP
解决环路故障并实现冗余备份	√	√	√
快速收敛	×	√	√
形成多棵生成树实现负载分担	×	×	√

2．生成树协议相关术语

1）网桥协议数据单元（BPDU，Bridge Protocol Data Unit）

生成树协议是通过在交换机之间周期发送网桥协议数据单元 BPDU 来发现网络上的环路并阻塞有关端口来断开环路的。网桥协议数据单元 BPDU 有两种类型：配置 BPDU 和拓扑变更通告 BPDU。网络上的交换机每隔 2 s 都要向网络上发送/配置 BPDU 报文。通过这些报文，每台交换机可以判断自己的位置和每个端口的工作模式等。

2）网桥号（Bridge ID）

网桥号用来标识网络中和每台交抽象机，由两部分组成：第一部分是网桥优先级，占 2 字节，范围是 0～65535，默认值是 32768（从 IOS 版本 12.1（9）EA1 开始，要叠加 VLAN 号，如 VLAN 1 的生成树协议实例 BID 的优先级为 30769，VLAN 2 的生成树协议实例 BID 的优先级为 32770 等）；第二部分是交换机 MAC 基地址，占 6 字节。

3）根网桥（Root Bridge）

交换机通过彼此交换 BPDU 信息来选出根网桥，具有最小网桥号的交换机将成为根网桥。根网桥的所有端口都不会阻塞，即都处于转发包的状态。整个网络中只能有一个根网桥，其他网桥称为非根网桥。

4）指定网桥（Designated Bridge）

交换机连接的每个网段要选出一个指定网桥，该指定网桥到根网桥的累计路径花费最小。同时该指定网桥负责收发本网段的数据包。

5）根端口（Root Port）

在非根网桥上，需要一个根端口。所谓根端口是指交换机上到网桥累计路径花费最小的端口。交换机通过此端口和根网桥通信。

6）指定端口（Designated Port）

每个非根网桥还要为所连接的网段选出一个指定端口，一个网段的指定端口是指该网段到根网桥累计路径花费最小的端口。该网段通过此端口向根网桥发送数据包。对于根网桥来说，其每个端口都是指定端口。

7）非指定端口（Non Designated Port）

除了根端口和指定端口外的其他端口称为非指定端口。非指定端口将处于阻塞状态，不转发任何用户数据。

3．生成树工作原理

1）选择根网桥

网络中的每一台交换机都周期性地发送 BPDU。在启动时都假设自己是根网桥，从自己的所有可用端口发送配置 BPDU，并在自己的 BPDU 包中声明这一点，同时该 BPDU 中还包含自己的网桥号。当一台交换机收到其他交换机发送的 BPDU 时，会检查对方交换机的网桥号，如果对方的网桥号比自己小，则此交换机将不再声称自己是根网桥，而是将对方网桥号写入网桥号字段。网络中的所有交换机都进行这样的操作。最后，网络中具有最小网桥号的交换机将成为根网桥。如图 3-21 所示，图中的交换机 1 就是根网桥，因为其网桥号最小（在优先级相同的情况下，比较网桥的 MAC 地址），其他交换机如交换机 2、交换机 3 将成为非根网桥。

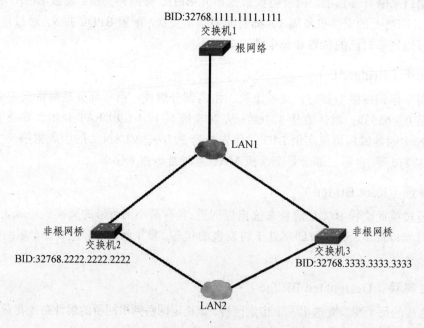

图 3-21　根网桥的选定

2）计算机本网桥到根网桥的最短路径并选出根端口

在根网桥被确定下来以后，其他非根网桥要决定自己的根端口。根据定义，根端口是指非根网桥上到根网桥累计路径花费最小的端口。路径花费反映了到达根网桥的代价。计算原则是链路带宽越大，代价或花费越小。原来的 IEEE 802.1D 规定，代价值等于 1 000 Mb/s 除以链路带宽，如 100 Mb/s 快速以太网链路代价将是 10。随着计算机网络技术日新月异，以太网链路带宽已达到 10 Gb/s，原来的规定已不再适用。如表 3-9 是 IEEE 给出了修正的非线性链路代价值。

表 3-9　修正的非线性链路代价值 IEEE

链路带宽	旧标准	新标准
4 Mb/s	250	250
10 Mb/s	100	100
16 Mb/s	63	62
100 Mb/s	10	19
155 Mb/s	6	14
622 Mb/s	2	6
1G b/s	1	4
10 Gb/s	1	2
>10 Gb/s	1	1

3）选出网段的指定端口

指定端口是指该网段到根网桥累计路径花费最小的端口，根网桥的所有端口都是指定端口。

4）选择非指定端口

既不是根端口，也不是指定端口将成为非指定端口。非指定端口将处于阻塞状态，不能收发任何用户数据。

4．生成树协议基本配置

1）开启设备 STP 特性

Switch（config）#spanning-treevlan vlan-list

2）设置根网桥

Switch（config）#spanning-treevlan vlan-list root primary | secondary

3）修改网桥的优先级

Switch（config）#spanning-treevlan vlan-list priority Bridge-priority

4）修改端口成本

Switch（config）#spanning-treevlan vlan-list cost cost

5）修改端口优先级

Switch（config）#spanning-treevlan vlan-list port-priotity priority

6）配置上行链路

配置上行链路的作用：当接入层或汇聚层的交换机主用的上行链路断开的时候，被阻塞的端口迅速装换到转发状态，不需要经过侦听和学习状态，配置了上行链路后交换机的优先级变为 49152，成本增加 3000。

Switch(config)#spanning-tree uplinkfast

7）查看生成树配置

Switch#show spanning-tree

实训内容：

图 3-22 所示为其实验拓扑结构，其内部结构如表 3-10 所示。

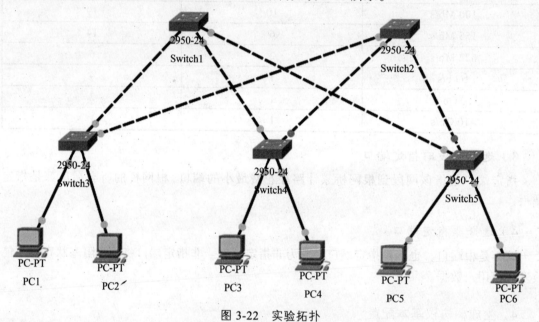

图 3-22 实验拓扑

表 3-10 实验拓扑内部结构表

设 备	VTP 模式	VLAN 划分	IP 地址
交换机 1	Server		
交换机 2	Client		
交换机 3	Client		
交换机 4	Client		
交换机 5	Client		
计算机 1		VLAN2	192.168.1.1
计算机 2		VLAN3	1.92.168.2.1
计算机 3		VLAN2	192.168.1.2
计算机 4		VLAN3	192.168.2.2
计算机 5		VLAN2	192.168.1.3
计算机 6		VLAN3	192.168.2.3

第一步：配置所有交换机对点端口为"Trunk"模式
交换机 1：
Switch1（config）#int range fa0/1-3
Switch1（config-if-range）#switchport mode trunk
交换机 2：
Switch2（config）#int range fa0/1-3
Switch2（config-if-range）#switchport mode trunk
交换机 3：
Switch3（config）#int range fa0/1-2
Switch3（config-if-range）#switchport mode trunk
交换机 4：
Switch4（config）#int range fa0/1-2
Switch4（config-if-range）#switchport mode trunk
交换机 5：
Switch5（config）#int range fa0/1-2
Switch5（config-if-range）#switchport mode trunk
第二步：配置各个交换机 VTP
交换机 1：
switch1（config）#vtp domain tree
Changing VTP domain name from NULL to tree
switch1（config）#vtp mode server
Device mode already VTP SERVER.
交换机 2：
switch2（config）#vtp domain tree
Changing VTP domain name from NULL to tree
switch2（config）#vtp mode client
Device mode already VTP CLIENT.
交换机 3：
Switch3（config）#vtp domain tree
Changing VTP domain name from NULL to tree
Switch3（config）#vtp mode client
Device mode already VTP CLIENT.
交换机 4：
Switch4（config）#vtp domain tree
Changing VTP domain name from NULL to tree
Switch4（config）#vtp mode client
Device mode already VTP CLIENT.
交换机 5：
Switch5（config）#vtp domain tree

Changing VTP domain name from NULL to tree
Switch5(config)#vtp mode client
Device mode already VTP CLIENT.

第三步：在 VTP 服务器交换机 1 上创建 VLAN，其余处于客户端模式的交换机就会学习这些 VLAN 划分

Switch1(config)#vlan 2
Switch1(config-vlan)#name vlan2
Switch1(config-vlan)#vlan 3
Switch1(config-vlan)#name vlan3

第四步：客户机加入 VLAN。

交换机 3：

Switchp3(config)#inter fa0/3
Switchp3(config-if)#switchport mode access
Switchp3(config-if)#switchport access vlan 2
Switchp3(config-if)#exit
Switchp3(config)#inter fa0/4
Switchp3(config-if)#switchport mode access
Switchp3(config-if)#switchport access vlan 3

交换机 4：

Switchp4(config)#inter fa0/3
Switchp4(config-if)#switchport mode access
Switchp4(config-if)#switchport access vlan 2
Switchp4(config-if)#exit
Switchp4(config)#inter fa0/4
Switchp4(config-if)#switchport mode access
Switchp4(config-if)#switchport access vlan 3

交换机 5：

Switchp5(config)#inter fa0/3
Switchp5(config-if)#switchport mode access
Switchp5(config-if)#switchport access vlan 2
Switchp5(config-if)#exit
Switchp5(config)#inter fa0/4
Switchp5(config-if)#switchport mode access
Switchp5(config-if)#switchport access vlan 3

第五步：配置 VLAN 网桥。

Switch1(config)#spanning-tree vlan 2 root primary
Switch1(config)#spanning-tree vlan 3 root secondary

4 网络路由配置

路由器（Router）又称网关设备（Gateway），用于连接多个逻辑上分开的网络，所谓逻辑网络代表一个单独的网络或者一个子网。当数据从一个子网传输到另一个子网时，可通过路由器的路由功能来完成。因此路由器是互联网的枢纽。目前路由器已经广泛应用于各行各业，各种不同档次的产品已经成为实现各种骨干网内部的连接、骨干网间互联和骨干网与互联网互联互通业务的主力军。

所谓路由就是指通过相互连接的网络把信息从源地点移动到目标地点的活动。一般来说，在路由过程中，信息至少会经过一个或多个中间节点。通常，人们会把路由和交换进行对比，这主要是因为在普通用户看来两者所实现的功能是完全一样的。其实，路由和交换之间的主要区别就是交换发生在 OSI 参考模型的第二层（数据链路层），而路由发生在第三层，即网络层。这一区别决定了路由和交换在移动信息的过程中需要使用不同的控制信息，所以两者实现各自功能的方式是不同的。

路由器是互联网的主要结点设备。路由器通过路由决定数据的转发。转发策略称为路由选择（routing），这也是路由器名称的由来（router，转发者）。作为不同网络之间互相连接的枢纽，路由器系统构成了基于 TCP/IP 的国际互联网络（Internet）的主体脉络，也可以说路由器构成了 Internet 的骨架。它的处理速度是网络通信的主要瓶颈之一，它的可靠性则直接影响着网络互联的质量。因此，在园区网、地区网、乃至整个 Internet 研究领域中，路由器技术始终处于核心地位，其发展历程和方向，成为整个 Internet 研究的一个缩影。

4.1 实例——熟悉物理设备及其连接

实训目的：

掌握管理路由器的指示灯含义及连接方式。

实训环境：

1 个路由器、1 台电脑、相关设备线。

实训导读：

1．路由器的发展

自从 1984 年问世至今，路由器已经走过了近 20 年的快速技术发展历程。路由器的应用领域不断扩展,从单一的互通网关逐渐扩展到覆盖广域网、城域网乃至用户接入的各个领域。近年来,路由器早已逐渐脱离单纯用于企业网出口和互联的概念,开始成为运营网络和各种专用业务网络的核心设备。业务推动技术发展,不断增加的新业务需求为路由器的接口、转发、架构等关键技术带来了持久的驱动力,促进着路由器设备形态的演进。随着网络上新的业务层出不穷,IP 的触角走向无线、光、三网合一等领域,这种演进将不断持续下去。基本上,路由器的发展经历了 5 代。

(1)第一代路由器 集中转发,固定接口。其体系结构如图 4-1 所示。

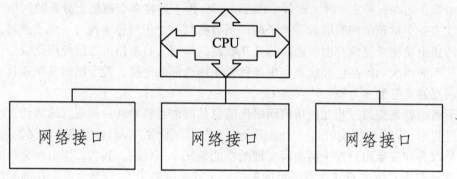

图 4-1 第一代路由器的体系结构

第一代路由器由一个处理器 CPU 和固定的多个网络接口组合而成,网络接口与 CPU 之间通过内部总线相连。CPU 负责所有事务处理,包括路由收集、转发处理、设备管理等,网络接口收到报文后通过内部总线传递给 CPU,由 CPU 完成所有处理后从另一个网络接口传递出去。

(2)第二代路由器 集中转发,接口模块化。其体系结构如图 4-2 所示。

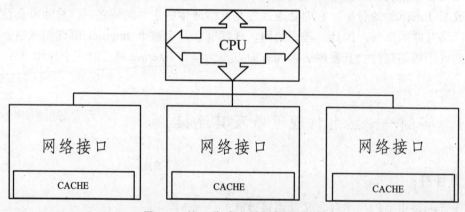

图 4-2 第二代路由器的体系结构

由于第一代路由器的网络接口是固定的,不能满足 IP 网络链路经常变化的要求,需要经常更换新的路由器,这样显然不利于网络设备的投资保护和维护管理。在这个时期,可扩展性成为限制路由器发展的主要问题。第二代路由器从体系结构上彻底解决了第一代路由器存在的可扩展性问题,采用的办法其实非常简单,那就是把网络接口做成可以插拔的活动模块,用户可以根据需要增加所需要的网络接口模块,对原有路由器升级扩容即可,而不需要替换路由器。另外第二代路由器上在接口卡上增加了 Cache(高速缓冲存储器),通过一次查询多次交换的方式,减少 CPU 的压力。

（3）第三代路由器 基于 CPU 的分布式软件转发。其体系结构如图 4-3 所示。

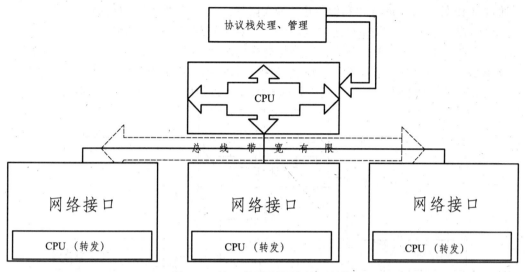

图 4-3 第三代路由器的体系结构

第三代路由器采用全分布式的结构，最大的变化是在各网络接口业务模块上增加了 CPU，即每个接口业务模块都有自己的 CPU 来进行转发和业务处理，负责少量网络接口。同时也采用了路由与转发分离的技术，路由引擎管理模块负责整个设备的管理和路由的收集、计算功能，并把计算形成的转发表下发到各接口业务板；各业务板根据保存的路由转发表独立进行路由转发。

（4）第四代路由器 基于 ASIC 的分布式硬件转发。其结构如图 4-4 所示。

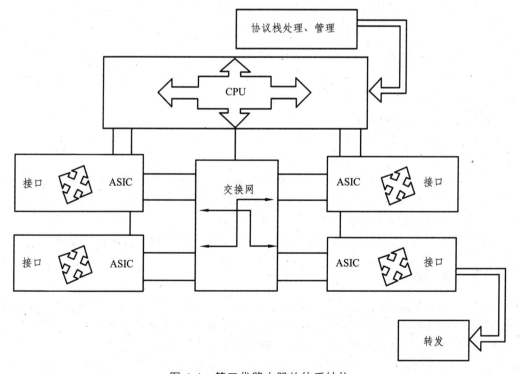

图 4-4 第四代路由器的体系结构

第四代路由器抛弃了基于 CPU 的软件转发模式，转而寻求基于 ASIC 技术的硬件转发模式，通过对 IP 转发过程的优化和硬件化，最大限度地提供了路由器的转发性能。而路由引擎模块仍然可以采用 CPU，用来处理复杂的路由计算和管理调度。最理想的办法是采用交换网式结构，即各接口板只需要一条高速链路与交换网芯片相连，在交换网内部实现全交换，这样就化解了 N 平方问题，使背板/交换容量与接口板高速数据线路带宽之间成正比关系。

（5）第五代路由器技术　基于网络处理器的分布式硬件转发。其体系结构如图 4-5 所示。

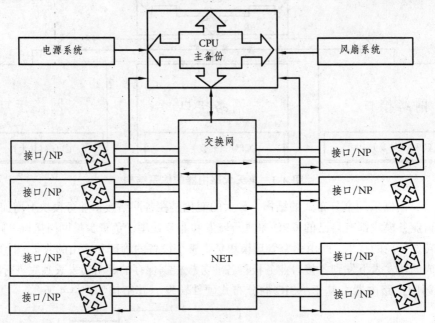

图 4-5　第五代路由器的体系结构

第五代路由器在硬件体系结构上继承了第四代路由器的成果，即仍然采用硬件转发模式和交换网式结构，只是在关键的 IP 转发和业务流程处理上采用了可编程的、专为 IP 网络设计的网络处理器技术，替代了原来的 ASIC 技术。

具体而言，第五代路由器主要有下列几方面特点：

（1）采用网络处理器技术实现 IP 报文处理和转发，可以在保证高速转发的同时进行复杂的协议处理，从而支持更丰富的业务。

（2）采用大容量的交换网结构，采用网络处理器，可通过升级软件增加新的处理功能。

（3）具有强大的 VPN，流分类、IP-QoS，MPLS 等特性的支持能力，提供完善的 QoS 机制，满足不同用户不同应用的需求。

（4）充分考虑骨干网络的需求，满足用户对安全性、稳定性、可靠性的要求。

2．路由器产品型号

Cisco 路由的命名准则都是以 Cisco 开头，如：Cisco 1721，Cisco 2621，Cisco 3662，Cisco 3745。以 Cisco 2621 为例，其中 Cisco 是品牌，前两位数字是系列号，指示这款产品属于 2600 系列，后两位是具体的型号。Cisco 路由器有以下多个系列：

Cisco 2500 系列：Cisco 2501、Cisco 2502、一直到 Cisco 2514，这些都是国内能见到的设备，再往上就是国外的了，国内很少见到。

Cisco 1700 系列：1720、1721、1751、1760。
Cisco 1800 系列：1821、1841。
Cisco 2600 系列：2610、2611、2620、2621、2651。
Cisco 2600XM 系列：2610XM、2611XM、2620XM、2621XM。
Cisco 3600 系列：3620、3640、3660。
Cisco 3700 系列：3725、3745。
Cisco 3800 系列：3825、3845。
Cisco 7200 系列：7204、7206、7204VXR、7206VXR。这些都是机箱，运用当中须要引擎（NPE-225、NPE-300、NPE-400、NPE-G1、最新的是 NPE-G2）和业务模块的支持。
Cisco 7500 系列：7507、7513 同样也须要引擎（RSP2、RSP4、RSP8、RSP16）和业务模块的支持，7200 上的业务模块都能在 75 上运用，须要一块 VIP 卡的支持。
12000 系列：12008、12016 这些是目前最高端的。同样也须要引擎和业务模块的支持。

实训内容：

1．认识路由器

第一步：认识路由器面板

交换机的接口大都在前面板上，而路由器接口多数都在后面板上。路由器的前面板仅有一些指示灯，因此一般将路由器反过来安装，以便于接线。有些路由器带 2 个同步串口，有些路由器有多个网络接口卡插槽，及模块插槽，如图 4-6 所示。

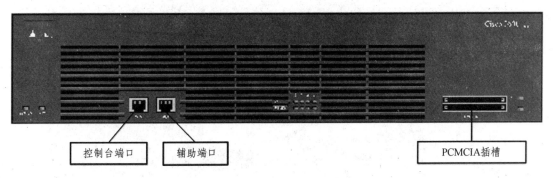

（a）路由器前面板

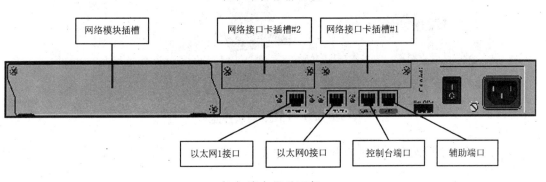

（b）路由器后面板

图 4-6

第二步：Cisco 路由器产品介绍。

Cisco 路由器产品系列层次，如图 4-7 所示。

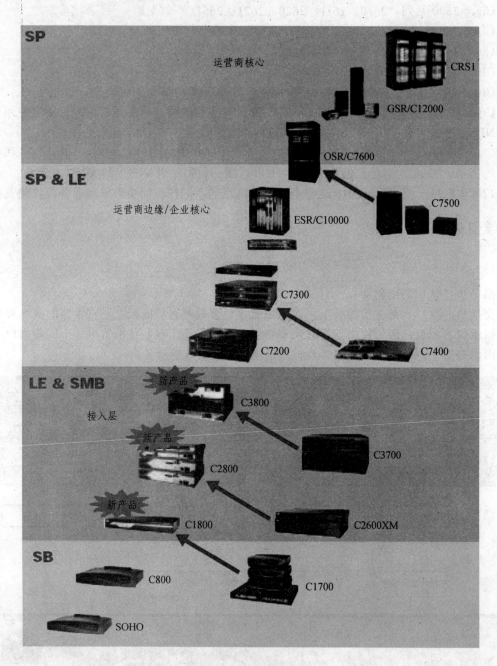

图 4-7　Cisco 层次产品

第三步：每个层次产品的特点与功能。如表 4-1 所示。

表 4-1　层次产品的特点与功能

产品型号	适用场合	固定配置及其特性
Cisco SOHO 系列	小型办公机构和家庭办公机构	3DES 软件加密，其中一些型号带集成 4 端口集成器或 4 端口 10/100 交换机； 双以太网、ADSL、ISDN ADSL 和 G.SHDSL
Cisco 800 系列	远程工作人员和小型远程机构	一些型号带集成 4 端口集成器或 4 端口 10/100 交换机； 双以太网、ADSL、ISDN ADSL 和 G.SHDSL
Cisco 1700 系列	中小型企业，小型企业分支机构	WAN/话音模块化插槽； 范围广泛的 WAN/话音接口卡； 通过网络准入控制提供 T1/E1、ISDN、ADSL、G.SHDSL、帧中继选项
Cisco 1800 系列	中小型企业和小型分支机构；	通过为高速 VPN 和未来应用支持内部 AIM 插槽，提高了灵活性； 内置双快速以太网端口； 支持 30 多种现有和新增模块； 线速性能，在高达 T1/E1/xDSL 速率下支持安全数据服务； 提高安全数据服务的服务密度
Cisco 2500 系列	中小型网络的远程访问	1 或 2 个高速同步串口（最高至 2.048 M）可通过 DDN 专线、Frame Relay、X.25 等接入广域网，用 Cisco 专用线缆可支持 RS-232，V.35 等电气标准； 灵活多样的局域网接入方式，提供单口、双口及多端口（Hub 型）型号，便于网络建设； 单口、双口型号均提供 AUI 接口，可接驳各种类型以太网； 多端口型号提供 RJ-45 端口，对于小型网络，无需另外再接驳 Hub，使网络更易于配置和管理
Cisco 2600 系列	中小型企业分支机构	范围广泛的 WAN 话音接口卡； 网络和高级集成模块（AIM）支持； 支持 70 多种网络模块、AIM、话音/WAN 接口； 支持入侵防御系统（IPS）； 状态化检测防火墙； 内置快带以太网（10/100）LAN； 支持 VPN； 支持多业务数据/话音； 支持模拟和数字话音
Cisco 2800 系列	中小型企业和企业分支机构	支持全新增强接口（NME、HWIC、EVM 和 PVDM2）； 内置双快速以太网或千兆位以太网端口； 支持 90 多种现增和新增模块； 多达 44 个供电 10/100 交换端口； 主板上基于硬件的 VPN 加速； 支持入侵防御系统（IPS）； 支持 SDM； 支持 IP 通信和 IP 电话； 支持病毒防御

续表

产品型号	适用场合	固定配置及其特性
Cisco 3600 系列	中密度广域网和拨号连接； 中密度局域网连接； 数据上的低密度语音； 低密度 ATM 连接； 集成的中密度调制解调器	标配闪存（Flash）为 8 MB； Cisco 3620 有 2 个插槽，Cisco 3640 有 4 个插槽，Cisco 3660 有 6 个插槽； 通过 PC 闪速内存卡，简易可靠地升级软件，这样 Flash 总共可升级至 128 MB； 在一个平台中结合了拨号访问、先进的局域网到局域网路由服务、ATM 连接以及语音、视频和数据的多种业务集成； 模块化、可伸缩的设计提供性能、可伸缩性、灵活性和投资保护； 高密度 ISDN PRI 功能； 预配置的 BRI 和 PRI 调制解调器捆绑； 完全支持 VPN； Cisco IOS 防火墙特性集提供防止网络入侵的安全保护
Cisco 3700 系列	集成企业分支机构	范围广泛的 WAN/话音接口卡； 网络和高级集成模块（AIM）支持； 支持 70 多种网络模块、AIM 和话音/WAN 接口； 内置快速以太网（10/100）LAN； 支持 VPAN； 支持多业务数据/语音； 支持模拟和数字语音； 支持入侵防御系统（IPS）； 支持状态化检测防火墙； 单平台 IP 电话基础设施； 可选集成馈线供电低密度交换； Cisco IOS 软件的可管理性和可靠性
Cisco 3800 系列	大中型企业和企业分支机构	增强模块化特性（EVM 和 PVDM2 支持）； 多达 72 个供电 10/100 交换机端口； 802.3af 以太网电源； 线速性能，以 T3/E3 速率提供服务； 更高的安全、话音、缓存、视频、网络分析和 L2 交换服务密度； 支持全新增强接口（NME、HWIC、EVM 和 PVDM2）； 内置双千兆位以太网端口； 支持 90 多种现在和新增模块； 单一小型可插拨端口； 通过热插拨支持，以及冗余系统和可选馈线电源，提供高可用性和永续性； 支持入侵防御系统（IPS）； SDM 支持； IP 通信和 IP 电话支持； IP Communications Express（CCEM/SRST/CUE）

续表

产品型号	适用场合	固定配置及其特性
Cisco 7200/7301 系列	企业总部环境，应用多样性——可管理网络服务、WAN 汇聚、MPLS、VPN\宽带汇聚、QoS 和多业务	模块特性： 支持 70 多种接口，提供了从 FE 到 GE、DS0 到 OC-1DPT 的全面连接选项； 与 Cisco 7400、Cisco 7500 和 Cisco 7600 系列共用接口，可插入通用备件； NPE-G1 处理器上的内置 FE/GE 端口提供高性能 LAN 连接； 通过并行快速转发提供灵活的处理选项，包括硬件加速 IP 服务； 通过思科元素管理器框架（CEMF）提供了全面的管理服务； 多业务数据/语音： 模拟和数字话音； 远程电话应急呼叫（SRST）； 支持多业务交换（MIX）的背板提供了服务集成； 企业级安全/VPN： 状态化检测防火墙； VPN：软件和硬件加密，Cisco Easy VPN； 硬件压缩； 服务级别校正特性； 入侵检测系统（IDS）
Cisco 7500 系列	结合了 Cisco 行之有效的软件技术以及卓越的可靠性、可用性、服务能力和性能特性，可以满足当今最关键的互联网需求	模块特性： 高性能交换——通过支持高速介质和高密度配置，为关键任务应用程序提供高度的性能；通过得用通用接口处理器（VIP）和 Cisco Express Forwarding 的处理功能，Cisco 7500 系列的系统容量每秒可以超过 100 万个信息包； 企业级安全： 全面的 Cisco IOS 的软件支持和高性能的网络服务增强——高速执行服务质量、安全、压缩和加密等网络服务；VIP 技术通过分布式 IP 服务特性扩展了这些服务的性能； 用户服务： 公用端口适配器——VIP 利用和 Cisco 7200 相同的端口适配器，简化了备件存储，并保护客户的接口投资

4.2　实例——路由器基础配置与口令恢复

实训目的：

掌握路由器初始配置命令，配置路由器的各种口令，能够用 SHOW 命令查看路由器的各种状态。

实训环境：

1 个路由器、1 台电脑、相关设备线。

实训导读:

在 Cisco 路由器中,命令解释器称为 EXEC,EXEC 解释用户键入的命令并执行相应的操作,在执行 EXEC 命令前必须先登录到路由器。路由器在配置方面与前一章节的交换机在很多配置上面基本保持一致。图 4-8 示意 Cisco 的各个命令配置模式,表 4-2 列出各个模式特性详解。

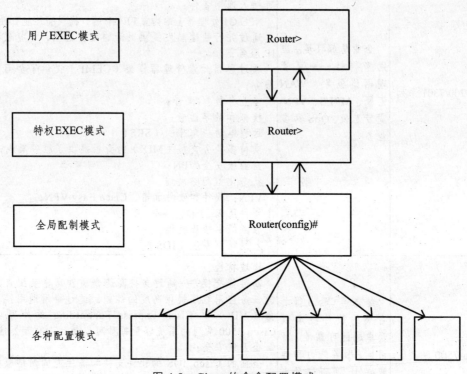

图 4-8 Cisco 的命令配置模式

表 4-2 Cisco 路由器命令配置模式详解

提示符	配置模式	描述
Router>	用户 EXEC 模式	查看有限的路由器信息
Router#	特权 EXEC 模式	详细查看、测试、调试和配置命令
Router(config)#	全局配置模式	修改高级配置和全局配置
Router(config-if)#	接口配置模式(Interface)	执行用于接口的命令
Router(config-subif)#	子接口配置模式(Subinterface)	执行用于子接口的命令
Router(config-controller)#	控制器配置模式(Controller)	配置 T1 或 E1 接口
Router(config-map-list)#	映射列表	映射列表配置
Router(config-map-class)#	映射类	映射类配置
Router(config-line)#	线路配置模式(Line)	执行线路配置命令
Router(config-router)#	路由引擎配置模式(Router)	执行路由引擎命令
Router(config-router-map)#	路由映射配置模式	路由影射配置

1. 路由器的口令基础

每台路由器都应该设置它所需要的口令。IOS 可以配置控制台口令（用户从控制台进入用户模式所需的口令）、AUX 口令（从辅助端口进入用户模式的口令）、Telnet 或 VTY 口令（用户远程登录的口令），此外还有 enable 口令（从用户模式进入特权模式的口令）。图 4-9 显示了登录过程及不同口令的名称。

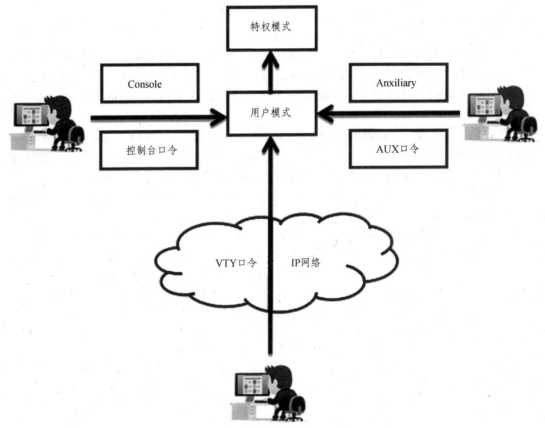

图 4-9　登录过程

对于用户模式进特权模式的口令，IOS 提供了两个命令来配置 enable 口令，即全局配置命令 enable password（密码）和 enable secret（密码）。两个配置命令都会在用户输入 enable 命令之后，让路由器提示用户输入口令。但 enable password 只提供了很弱的口令加密的方法（service password-encryption），而 enable secret 采用更安全的加密方法。

2. 路由器密码验证方式

Login 有三种方式：Login、Login local、No login。下面拿 VTY 分析：

（1）Login：密码验证，当 Telnet 登陆设备时，需提供 VTY 下配置的密码。

示例：
```
line vty 0 4
password cisco      //如没有这条命令，则不能 Telnet 进入设备
login
```

（2）Login local：用户名+密码验证方式，当 Telnet 登陆设备时，需提供全局配置模式下配置的用户名和密码。

示例：

Router（config）#username admin password cisco1　　//没有这条命令，则 Telnet 不能登录

Router（config）#line vty 0 4

Router（config-line）#password cisco

Router（config-line）#login local

这时，Telnet 登陆设备时，会提示输入用户名，用户名为 username，注意此时需要输入的密码是 cisco1，而不是 VTY 下设置的 cisco，因为 login local 为本地密码验证方式。也就是说，如果只配置 username 而没有给 username 配置密码，那么 VTY 下 login local 的话是无法登陆设备的。

同理可以验证，当配置 username admin password cisco1 的情况下，VTY 下 password cisco，且验证方式为 Login 的时候，Telnet 登陆时会提示输入密码，密码是 cisco，而不是 cisco1。也就是说 login 需要的是 VTY 下的密码，Login local 需要的是全局配置模式下配置的 username 和 password。

还有，不论是 Login 还是 Login local，Telnet 登陆上设备之后想进入特权模式的话还是需要特权密码，所以最好每个设备都配置一个特权密码。

（3）No login：无验证。这一情况下，不论配置了什么密码，登陆时均无需验证。

（4）同理，Line console 0 下也是这三种情况：Login（console 登陆时需要输入 Line console 0 下面的密码，不考虑 username 和 password。Login local（console 登陆时需要输入全局模式下配置的 username 和 password，而不考虑 Line console 下面输入的密码）。与 Telnet 不同的是，在设备没有配置 enable password 的情况下，Console 登陆就不需要输入特权密码，只有在配置了特权密码的情况下才需要输入。

实训内容：

任务 1：现有一台 Cisco Catalyst 1841 路由器，现要求配置该路由器的主机名为 Router1-2，并分别配置特权模式口令、控制台口令、VTY 口令、AUX 口令。

第一步：进入全局模式下更改路由器名字。

Router>enable

Router #config t

Router（config）#hostname Router1-2

第二步：进入全局配置模式下配置特权模式口令、VTY 口令、AUX 口令为"123456"。

Router1-2（config）#enable password　123456　（用户模式进入特权模式下的非加密口令）

Router1-2（config）#enable secret　123456　（用户模式进入特权模式下的加密口令）

第三步：进入全局配置模工下配置控制台口令。

Router1-2（config）#line console 0

Router1-2（config-line）#password 123456

Router1-2（config-line）#login

Router1-2（config-line）#exit

第四步：进入全局配置模工下配置 Telnet 口令或 VTY 口令。

Router1-2（config）#line vty 0 5

Router1-2（config-line）#password 123456

Router1-2（config-line）#login

Router1-2（config-line）#exit

第五步：进入全局模式下配置辅助端口 AUX 口令。

Router1-2（config）#line aux 0

Router1-2（config-line）#password 123456

Router1-2（config-line）#login

Router1-2（config-line）#exit

任务 2：现有一台 Cisco Catalyst 1841 路由器，（1）现要求路由器保存事先配置的特权模式密码，（2）假设密码丢失，如何恢复路由器特权模式密码。

第一步：产生并保存配置文件，其中包括创建的特权模式密码。

Router#copy run startup-config

Destination filename [startup-config]?

Building configuration...

[OK]

第二步：关闭路由器电源并重新开机。当控制台出现启动过程，立刻按"Ctrl+Break"键中断路由器的启动过程，进入 Rommon 监控模式。

Readonly ROMMON initialized

Self decompressing the image :

################

monitor: command "boot" aborted due to user interrupt

rommon 1 >

第三步：在监控模式下，修改寄存器的值为 0x2142，并重启路由器

rommon 2 > confreg 0x2142

rommon 3 > reset

第四步：修改寄存器的值为 0x2142 后，执行 Reset 命令重启路由器。路由器重启后会直接进入到 Setup 模式，用"Ctrl+C"或者回答"n"，退出 Setup 模式。

--- System Configuration Dialog ---

Continue with configuration dialog? [yes/no]: no

第五步：进入路由器特权模式，并将 NVRAM 中的 startup-config 文件加载到 running-config（运行配置文件中）。

Router#copy startup-config running-config

Destination filename [running-config]?

597 bytes copied in 0.416 secs （1435 bytes/sec）

Router#

%SYS-5-CONFIG_I: Configured from console by console

第六步：在全局模式下，修改密码为自己熟悉的密码。
Router（config）#enable password cisco123456
第七步：修改寄存器的值为 0x2102，意味着再一次重启路由器，加载 startup-config，并保存配置。
Router（config）#config-register 0x2102
Router（config）#exit
Router#
%SYS-5-CONFIG_I: Configured from console by console
Router#copy running-config startup-config
Destination filename [startup-config]?
Building configuration...
[OK]
第八步：重启路由器，用新配置的密码进行登录验证。

4.3 实例——路由器静态路由配置

实训目的：

熟悉路由器的工作原理，理解静态路由的特点及配置方法，学会配置直连路由、缺省路由、手工添加静态路由，验证路由添加是否成功。

实训环境：

2 个路由器、2 台电脑、相关设备线。

实训导读：

1．路由器路由表的基本概念

路由器为执行数据包转发路径选择所需要的信息被包含在路由器的一个表项中，称为"路由表"。当路由器检查到包的目的 IP 地址时，它就可以根据路由表的内容决定包应该转发到哪个下一跳地址上去。路由表被存放在路由器的 RAM 上。

1）路由表的构成

其构成有：目的网络地址，子网掩码，下一跳地址，发送的物理端口，路由信息的来源，路由优先级，度量值。各部分具体信息如表 4-3 所示。

表 4-3 路由表各部分信息

目的网络	子网掩码	下一跳地址	下一跳接口	路由来源	优先级	跳数
192.168.1.5	255.255.255.0	192.168.1.1	Fa0/1	static	1	0

2）路由信息的分类

（1）直连路由。当接口配置了网络协议地址并状态正常时，即物理连接正常，并且可以正常检测到数据链路层协议的 keepalive 信息时，接口上配置的网段地址自动出现在路由表中并与接口关联。其中产生方式为直连，路由优先级为 0，拥有最高路由优先级。其 metric 值为 0，表示拥有最小 metric 值。

直连路由会随接口的状态变化在路由表中自动变化，当接口的物理层与数据链路层状态正常时，此直连路由会自动出现在路由表中，当路由器检测到此接口失效后此条路由会自动消失。

（2）静态路由。系统管理员手工设置的路由称之为静态路由，一般是在系统安装时就根据网络的配置情况预先设定的，它不会随未来网络拓扑结构的改变自动改变。优点：不占用网络、系统资源、安全，开销较小；缺点：需网络管理员手工逐条配置，不能及时适应网络状态的变化。

其配置命令如下：

全局模式# ip route 目的网段 子网掩码 下一跳接口地址

静态路由是否出现在路由表中取决于下一跳是否可达。静态路由在路由表中中产生方式为静态，路由优先级为 1，其跳数值为 0。

（3）缺省路由。缺省路由是一个路由表条目，用来指明一些在下一跳没有明确地列于路由表中的数据单元应如何转发。对于在路由表中找不到明确路由条目的所有的数据包都将按照缺省路由条目指定的接口和下一跳地址进行转发。

缺省路由可以是管理员设定的静态路由，也可能是某些动态路由协议自动产生的结果。优点：极大减少路由表条目；缺点：不正确配置可能导致路由环路，可能导致非最佳路由。

其配置命令如下：

全局模式# ip route 0.0.0.0 0.0.0.0 下一跳接口地址

（4）动态路由。动态路由协议通过路由信息的交换生成并维护转发引擎需要的路由表。当网络拓扑结构改变时自动更新路由表，并负责决定数据传输最佳路径。

动态路由协议的优点是可以自动适应网络状态的变化，自动维护路由信息而不用网络管理员的参与。其缺点由于需要相互交换路由信息，需要占用网络带宽，并且要占用系统资源。另外安全性也不如使用静态路由。在有冗余连接的复杂网络环境中，适合采用动态路由协议。

每个路由协议都可能发现某一相同的目的网络的路由，但由于不同路由协议的选路算法不同，可能选择不同的路径作为最佳路径。路由器必须选择其中一个路由协议计算出来的最佳路径作为转发路径加入到路由表中。

路由器选择路由协议的依据是路由优先级。不同的路由协议有不同的路由优先级，数值小的优先级高。从路由优先级最高（优先级数值最小）的协议获取的路由被优先选择加入路由表中，路由优先级数值范围为 0~255。

缺省路由优先级赋值原则为：直连路由具有最高优先级，人工设置的路由条目优先级高于动态学习到的路由条目，度量值算法复杂的路由协议优先级高于度量值算法简单的路由协议。对不同路由协议的路由优先级的赋值是各个设备厂商自行决定的，没有统一标准。所以有可能不同厂商的设备上路由优先级是不同的，并且通过配置可以修改缺省路由优先级。

2．路由器的工作原理

路由器的主要工作包括三个方面：(1)生成和动态维护路由表；(2)根据收到的数据包中的 IP 地址信息查找路由表，确定数据转发的最佳路由；(3)数据转发。下面分别介绍路由器在这三个方面的工作原理。

1）生成和动态维护路由表

每台路由器都存存储着一张关于路由信息的表格，这个表格称之为路由表。路由表中记录了从路由器到达所有目的网络的路径，即目的网络号（网络前缀）与本路由器数据转发接口之间的对应关系。路由表中有很多路由条目，每一个条目就是一条到达某个目的网络的路由。

(1) 路由表的组成。路由器的路由表中有许多条目，每个条目就是一条路由。每个路由条目至少要包含以下内容：路由条目的来源、目的网络地址及其子网掩码、下跳（Next Hop）地址或数据包转发接口，路由器连接图如图 4-10 所示，表 4-4 为路由器 A 的路由表。

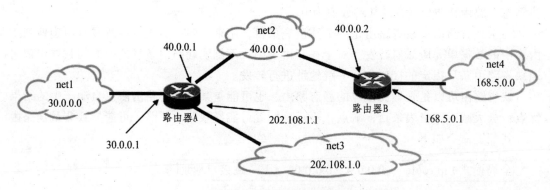

图 4-10　路由器连接图

表 4-4　路由器 A 的路由表

来源	目的网络	子网掩码	下一跳	接口
直连	30.0.0.0	255.0.0.0		30.0.0.1
直连	40.0.0.0	255.0.0.0		40.0.0.1
学习获得	168.5.0.0	255.255.0.0	40.0.0.2	40.0.0.1
直连	202.108.1.0	255.255.255.0		202.108.1.1

在路由器 A 中，第一、第二及第四项表示三个目的网络 30.0.0.0，40.0.0.0，202.108.1.0 与路由器 A 直接相连，因此是直接从路由器 A 的三个接口出去就可以到达。而去往网络 168.5.0.0 需要经过 40.0.01 接口转发，才能到达。

(2) 路由器生成和更新路由表的工作过程。路由器启动时能够自动发现直接相连的网络，它会把这些网络的 IP 地址、子网掩码、接口信息记录在路由表中,并将该条目的来源标记为"直连"。

路由器会把网络管理人员人工设定的未知路由直接添加到路由表中,如上表中 RA 路由器中的第三个条目到网段 168.5.0.0 的路由,是管理人员通过对网络拓扑的分析,最终通过命令:

全局模式#Ip　route　168.5.0.0　255.255.255.0　40.0.0.2

全局模式#show　ip　route

把 168.5.0.0 网段添加到路由表中并显示是否添加成功。添加成功路由表中就会出现以大写字母"S"的路由表项,这就是统称的"静态路由"。

路由器运行路由协议,与相邻的路由器之间相互路由信息,根据收集到的信息了解网络的结构,现目的网络,按照特定的路由算法进行计算,生成到达目的网络的路由条目,添加到路由表中,并将该条目的来源标记为生成它所使用的路由协议。路由器会根据网络状态的变化随时更新这些通过学习而得到的路由,因此这些路由统称为动态路由。

动态路由在网络的运行过程中,各路由器之间自动地交换路由信息。当网络或链路状态变化时,路由器会及时发出有关信息的通告,其他路由器收到通告信息后会重新进行路由计算并更新相应的路由条目,以保证路由的正确、有效。

2)最佳的路由选择过程

在路由表中,如果到达某一目的网络存在多个路由条目时,路由器则会选择子网掩码最长的条目为数据转发的路由。

路由器要转发一个目的 IP 地址为 10.1.1.1 的数据包,路由表信息如表 4-4 所示。

表 4-4　路由表

目的网络	子网掩码	下一跳
192.168.1.0	255.255.255.0	FA0/1
10.0.0.0	255.0.0.0	S0/0
10.1.1.0	255.255.255.0	S0/1
0.0.0.0	0.0.0.0	FA0/2

路由器的路由选择如下:

(1)找出所有匹配的路由条目。将目的 IP 地址与路由表中所有条目中的子网掩码分别进行"与"运算,如果结果与本条目中的目的网络号(网络前缀)相同,则认为是匹配。

第一个路由条目:10.1.1.1 同 255.255.255.0 进行"与"运算后的结果 10.1.1.0,与目的网络号 192.168.1.0 不同,不匹配。

第二个路由条目:10.1.1.1 同 255.0.0.0 进行"与"运算后的结果 10.0.0.0 与目的网络 10.0.0.0 相同,匹配。

第三个路由条目:10.1.1.1 同 255.255.255.0 进行"与"运算后的结果 10.1.1.0,与目的网络号 10.1.1.0 相同,匹配。

第四个路由条目:目的网络号和子网掩码均为0.0.0.0,这一条路由和任一IP地址都匹配,是一条默认路由。

（2）选择最佳路由。通过上述计算找到三条配位的路由条目,这三条路由的子网掩码的长度分别是8位、24位、0位,根据最长掩码匹配的原则,选择子网掩码长度为24位的路由条目,即表中第3个路由条目,作为最佳路由。将该数据包从S0/1接口转发出去。

3）数据包转发的工作工程

路由器采用下一跳选路的基本思想,路由表中仅指定数据包从该路由器到最终到达目的网络的整条路径上一系列路由器中的第一个路由器的路径。路由器扫描接收到的IP数据包头中的目的IP地址查询路由表,决定下一跳路由,从相应的接口上将数据包转发出去,具体转发过程如下：

（1）路由器从网络接口上接收数据帧。路由器上具有多个数据接口,它们分别连接至不同的网络,用于连接局域网的称之为局域网接口,连接广域网的称之为广域网接口。对不同信号传输介质,路由器具有相应的物理接口,如对应于以太网,路由器有各类以太网接口;对应于异步通信电路,路由器有串行接口等。

（2）对数据帧进行链路层处理。路由器根据网络物理接口的类型,调用相应的链路层协议,以处理数据帧中的链路层包头并对数据进行完整性验证,如CRC校验、帧长度检查等。

（3）网络层数据处理。路由器除去数据帧的帧头、帧尾,得到IP数据包,读取包头中的目的IP地址。

（4）选择数据包转发的最佳路由。路由器按照上一节所述过程,查找路由表,根据匹配情况决定最佳转发路由:

① 如果有多个匹配条目,则选择子网掩码位数最长的条目为下一跳路由;

② 如果只有一个匹配条目（包括默认路由）,则选择该条目下一跳路由;

③ 如果没有找到匹配的路由条目,则宣告路由错误,向数据包的源端主机发送一条Unreachable（路由不可达）ICMP报文,丢弃该数据包。

（5）转发数据包。路由器将IP数据包头中TTL数值减1,并重新计算数据包的校验和,然后交给数据链路层进行二层封装成帧,最后从路由指定的转发接口上将数据帧发送出去。

如果转发接口是以太口,路由器将在本机的MAC地址缓存表中查找对端以太端口的MAC地址,如果找不到则通过ARP协议进行查询,然后对IP包封装上相应的以太网数据帧帧头,将该数据帧从以太接口发送出去。在数据的逐级转发过程中,IP包头中的源IP地址和目的IP地址用于二层单跳寻址,每次转出时都要更换为本跳链路两端接口的MAC地址。

如果转发接口是其他类型的物理接口,路由器则会将IP包封装成与之相应类型的数据帧进行转发。

实训内容：

任务1：假设校园网通过1台路由器连接到校园外的另1台路由器上,现要在路由器上做适当配置,实现校园网内部主机与校园网外部主机的相互通信。通过软件仿真,实现网络的互联互通，从而实现信息的共享和传递。实验拓扑图如图 4-11 所示。

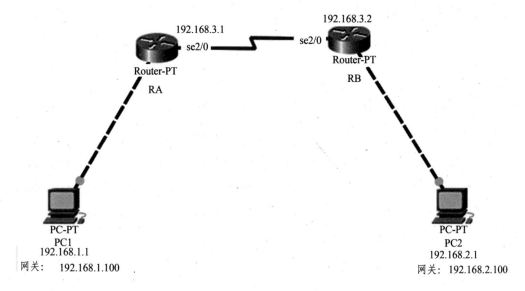

图 4-11　静态路由

计算机配置列表如表 4-5 所示。

表 4-5　计算机配置列表

设备名称	IP 地址	网关
PC1	192.168.1.1	192.168.1.100
PC2	192.168.2.1	192.168.2.100

路由器接口配置列表如表 4-6 所示。

表 4-6　路由器接口配置列表

设备名称	FA0/0 接口 IP	SE2/0 接口 IP
RA	192.168.1.100	192.168.3.1
RB	192.168.2.100	192.168.3.2

第一步：在路由器 RA 上配置接口的 IP 地址和串口上的时钟频率。

RA（config）# interface fa0/0
RA（config-if）# ip address 192.168.1.100 255.255.255.0
RA（config-if）# no shutdown
RA（config）# interface serial 2/0
RA（config-if）# ip address 192.168.3.1 255.255.255.0
RA（config-if）#clock rate 64000　（配置 RA 的时钟频率）
RA（config）# no shutdown

验证测试：验证路由器接口的配置。

RA#show ip interface brief

```
RA#show ip interface brief
Interface              IP-Address       OK? Method Status                Protocol
FastEthernet0/0        192.168.1.100    YES manual up                    up
FastEthernet1/0        unassigned       YES unset  administratively down down
Serial2/0              192.168.3.1      YES manual up                    up
Serial3/0              unassigned       YES unset  administratively down down
FastEthernet4/0        unassigned       YES unset  administratively down down
FastEthernet5/0        unassigned       YES unset  administratively down down
```

第二步：在路由器 RA 上配置静态路由。

RA(config)#ip route 192.168.2.0 255.255.255.0 192.168.3.2

或：

RA(config)#ip route 192.168.2.0 255.255.255.0 serial 2/0

验证测试：验证 RA 上的静态路由配置。

RA#show ip route

```
RA#show ip route
Codes: C - connected, S - static, I - IGRP, R - RIP, M - mobile, B - BGP
       D - EIGRP, EX - EIGRP external, O - OSPF, IA - OSPF inter area
       N1 - OSPF NSSA external type 1, N2 - OSPF NSSA external type 2
       E1 - OSPF external type 1, E2 - OSPF external type 2, E - EGP
       i - IS-IS, L1 - IS-IS level-1, L2 - IS-IS level-2, ia - IS-IS inter area
       * - candidate default, U - per-user static route, o - ODR
       P - periodic downloaded static route

Gateway of last resort is not set

C    192.168.1.0/24 is directly connected, FastEthernet0/0
S    192.168.2.0/24 [1/0] via 192.168.3.2
C    192.168.3.0/24 is directly connected, Serial2/0
```

注：从显示的结果中可以看出，大写字"C"与"S"分别表示直连路由与静态路由。

第三步：在路由器 RB 上配置接口的 IP 地址。

RB(config)# interface fa0/0

RB(config-if)# ip address 192.168.2.100 255.255.255.0

RB(config-if)# no shutdown

RB(config)# interface serial 2/0

RB(config-if)# ip address 192.168.3.2 255.255.255.0

RB(config-if)# no shutdown

验证测试：验证路由器接口的配置。

RB#show ip interface brief

```
RB#show ip interface brief
Interface              IP-Address        OK? Method Status                Protocol
FastEthernet0/0        192.168.2.100     YES manual up                    up
FastEthernet1/0        unassigned        YES unset  administratively down down
Serial2/0              192.168.3.2       YES manual up                    up
Serial3/0              unassigned        YES unset  administratively down down
FastEthernet4/0        unassigned        YES unset  administratively down down
FastEthernet5/0        unassigned        YES unset  administratively down down
```

第四步：在路由器 RB 上配置静态路由。

RB（config）#ip route 192.168.1.0　255.255.255.0　192.168.3.1

或：

RB（config）#ip route 192.168.1.0　255.255.255.0　serial 2/0

验证测试：验证 RB 上的静态路由配置。

RB#show ip route

```
RB#show ip route
Codes: C - connected, S - static, I - IGRP, R - RIP, M - mobile, B - BGP
       D - EIGRP, EX - EIGRP external, O - OSPF, IA - OSPF inter area
       N1 - OSPF NSSA external type 1, N2 - OSPF NSSA external type 2
       E1 - OSPF external type 1, E2 - OSPF external type 2, E - EGP
       i - IS-IS, L1 - IS-IS level-1, L2 - IS-IS level-2, ia - IS-IS inter area
       * - candidate default, U - per-user static route, o - ODR
       P - periodic downloaded static route

Gateway of last resort is not set

S    192.168.1.0/24 [1/0] via 192.168.3.1
C    192.168.2.0/24 is directly connected, FastEthernet0/0
C    192.168.3.0/24 is directly connected, Serial2/0
```

第五步：测试网络的互联互通性，通过电脑 PC1 Ping 电脑 PC2 查看连通情况。

```
PC>ping 192.168.2.1

Pinging 192.168.2.1 with 32 bytes of data:

Reply from 192.168.2.1: bytes=32 time=1ms TTL=126
Reply from 192.168.2.1: bytes=32 time=1ms TTL=126
Reply from 192.168.2.1: bytes=32 time=1ms TTL=126
Reply from 192.168.2.1: bytes=32 time=14ms TTL=126

Ping statistics for 192.168.2.1:
    Packets: Sent = 4, Received = 4, Lost = 0 (0% loss),
Approximate round trip times in milli-seconds:
    Minimum = 1ms, Maximum = 14ms, Average = 4ms
```

任务二：采用缺省路由的方式实现图 4-3 的网络连通性。

第一步：在路由器 RA 上配置接口的 IP 地址和串口上的时钟频率（此步骤与任务 1 相同，在此略过）。

第二步：在路由器 RA 上配置缺省路由。

RA(config)#ip route 0.0.0.0 0.0.0.0 192.168.3.2

或

RA(config)#ip route 0.0.0.0 0.0.0.0 serial 2/0

验证测试：验证 RA 上的缺省路由配置。

RA#show ip route

```
RA#show ip route
Codes: C - connected, S - static, I - IGRP, R - RIP, M - mobile, B - BGP
       D - EIGRP, EX - EIGRP external, O - OSPF, IA - OSPF inter area
       N1 - OSPF NSSA external type 1, N2 - OSPF NSSA external type 2
       E1 - OSPF external type 1, E2 - OSPF external type 2, E - EGP
       i - IS-IS, L1 - IS-IS level-1, L2 - IS-IS level-2, ia - IS-IS inter area
       * - candidate default, U - per-user static route, o - ODR
       P - periodic downloaded static route

Gateway of last resort is 192.168.3.2 to network 0.0.0.0

C    192.168.1.0/24 is directly connected, FastEthernet0/0
C    192.168.3.0/24 is directly connected, Serial2/0
S*   0.0.0.0/0 [1/0] via 192.168.3.2
```

注：从显示的结果中可以看出，大写字"S*"表示缺省路由。

第三步：在路由器 RB 上配置接口的 IP 地址（此步骤与任务 1 相同，在此略过）

第四步：在路由器 RB 上配置缺省路由。

RB(config)#ip route 0.0.0.0 0.0.0.0 192.168.3.1

或：

RB(config)#ip route 0.0.0.0 0.0.0.0 serial 2/0

验证测试：验证 RB 上的缺省路由配置。

RB#show ip route

```
RB#show ip route
Codes: C - connected, S - static, I - IGRP, R - RIP, M - mobile, B - BGP
       D - EIGRP, EX - EIGRP external, O - OSPF, IA - OSPF inter area
       N1 - OSPF NSSA external type 1, N2 - OSPF NSSA external type 2
       E1 - OSPF external type 1, E2 - OSPF external type 2, E - EGP
       i - IS-IS, L1 - IS-IS level-1, L2 - IS-IS level-2, ia - IS-IS inter area
       * - candidate default, U - per-user static route, o - ODR
       P - periodic downloaded static route

Gateway of last resort is 192.168.3.1 to network 0.0.0.0

C    192.168.2.0/24 is directly connected, FastEthernet0/0
C    192.168.3.0/24 is directly connected, Serial2/0
S*   0.0.0.0/0 [1/0] via 192.168.3.1
```

第五步：测试网络的互联互通性，通过电脑 PC1 Ping 电脑 PC2 查看连通情况。

```
PC>ping 192.168.2.1

Pinging 192.168.2.1 with 32 bytes of data:

Reply from 192.168.2.1: bytes=32 time=1ms TTL=126
Reply from 192.168.2.1: bytes=32 time=1ms TTL=126
Reply from 192.168.2.1: bytes=32 time=1ms TTL=126
Reply from 192.168.2.1: bytes=32 time=14ms TTL=126

Ping statistics for 192.168.2.1:
    Packets: Sent = 4, Received = 4, Lost = 0 (0% loss),
Approximate round trip times in milli-seconds:
    Minimum = 1ms, Maximum = 14ms, Average = 4ms
```

4.4 实例——动态路由协议 RIP 配置

实训目的:

熟悉路由器的工作原理,理解动态路由的特点及配置方法,学会矢量路由协议 RIP 的配置。

实训环境:

4 个路由器、2 台电脑、相关设备线。

实训导读:

自治系统 AS 的定义:在单一的技术管理下的一组路由器,而这些路由器使用一种 AS 内部的路由选择协议和共同的度量以确定分组在该 AS 内的路由,同时还使用一种 AS 之间的路由选择协议用以确定分组在 AS 之间的路由。

现在对自治系统 AS 的定义是为了强调下面的事实:尽管一个 AS 使用了多种内部路由选择协议和度量,但重要的是一个 AS 对其他 AS 表现出的是一个单一的、一致的路由选择策略。

因特网有两大类路由选择协议。一是内部网关协议 IGP(Interior Gateway Protocol),即在一个自治系统内部使用的路由选择协议。目前这类路由选择协议使用得最多,如 RIP 和 OSPF 协议。二是外部网关协议 EGP(External Gateway Protocol),若源站和目的站处在不同的自治系统中,当数据包传到一个自治系统的边界时,就需要使用一种协议将路由选择信息传递到另一个自治系统中。这样的协议就是外部网关协议 EGP。在外部网关协议中目前使用最多的是 BGP-4,如图 4-12 所示。

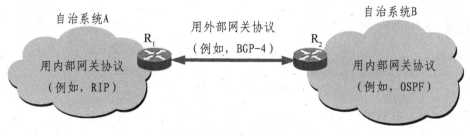

图 4-12 自治系统

自治系统之间的路由选择也叫做域间路由选择（interdomain routing）。

在自治系统内部的路由选择叫做域内路由选择（intradomain routing）。

1．RIP 的基础知识

RIP（Routing Information Protocol）协议基于贝尔曼-福特（Bellman-Ford）算法，也称为距离矢量（Distance Vector）算法，该算法自从 ARPANET 网络初期就一直用于计算机网络的路由计算。

作为一种内部网关路由选择协议，用于在一个自治系统（AS）内的路由信息传递。RIP 协议适合于在中小型的网络上配置，不适合复杂的大型网络环境，因为 RIP 协议的设计者当时认为一个网络的直径不应该超过 15 跳，所以 RIP 协议只支持 15 跳以内的中小型网络的路由。

RIP 协议使用跳数作为度量标准来衡量到达目标地址的路由距离。每个运行 RIP 协议的路由器都维护着一张路由表，这张路由表中至少要包括以下信息：

（1）IP 地址：该地址是所要到达的目的主机或网络的地址。

（2）下一跳：数据包所要到达的下一个路由器的地址。

（3）接口：数据包到达下一跳所使用的物理网络接口。

（4）跳数：RIP 协议采用的是"距离矢量"路由算法，是仅以"距离"作为度量标准，也就是路由的"距离"是 RIP 路由的度量。但要注意的是这里的"距离"是指除源网络所连接的路由器外，到达目的网络的整条路由路径所经过的路由器数，即跳数。RIP 的度量是基于跳数的，并规定两个直连的路由器间的跳数为 1，因此，每经过一台路由器，路径的跳数就加 1。跳数越多，路径就越长，RIP 算法会优先选择跳数少的路径。RIP 支持的最大跳数是 15，跳数为 16 的网络被认为不可达。如图 4-13 所示 PC1 所在网络到达 PC2 所在网络的 RIP 路由，则跳数就是 2。

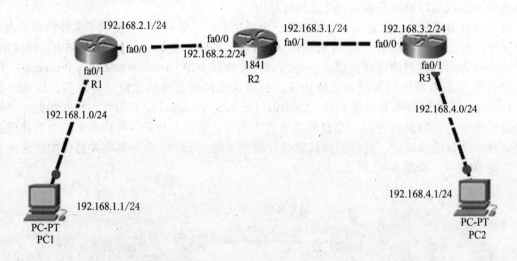

图 4-13 RIP 运用

（5）计时器：有时也称为年龄，用于记录自上次路由更新以来的时间总和。RIP 中路由的更新是通过定时广播实现的。缺省情况下，路由器每隔 30 s 向与它相连的网络广播自己的路由表，接到广播的路由器将收到的信息添加至自身的路由表中。每个路由器都如此广播，最终网络上所有的路由器都会得知全部的路由信息。正常情况下，每隔 30 s 路由器就可以收到一次路由信息确认，如果经过 180 s，即 6 个更新周期，一个路由项都没有得到确认，路由器就认为它已失效了。如果经过 240 s，即 8 个更新周期，路由器仍没有得到确认，它就被从路由表中删除。另外，各种标志位和其他内部信息也有可能包括在路由表中。例如，有些标志位用于记录路由最近是否发生变化，以备触发更新时使用。

2．RIP 的工作原理

RIP 路由器在刚刚开始工作时，只知道到直连的网络的距离（此距离定义为 0）。以后，每一个路由器也只和数目非常有限的相邻路由器交换并更新路由信息。经过若干次更新后，所有的路由器最终都会知道到达本自治系统中任何一个网络的最短距离和下一跳路由器的地址。总体来说，RIP 工作过程遵循以下几个基本原则：

（1）路由表项每经过一次邻居之间的传递，其度量值加 1，最大值不超过 15。

（2）收到新路收表项时，在路由表中添加新的路由表项，其度量是在接收的路表项度量基础上加 1，同时在新添加的路由表项中标注其下一跳地址，就是发送路由更新的邻居路由器的接口。

（3）收到原有路由表项的路由更新时，先对有更新的路由表项的度量加 1，然后与对应的路由表项中原度量进行比较，这时分两种情况：当下一跳地址相同，立即更新；当下一跳不相同，仅接收度量值更小或相等的更新，忽略度量值比原来的值更大的路由更新。

表 4-7，表 4-8，表 4-9，分别是路由器刚启动时的路由表、经过第一个 30S 后的路由表、经过多次更新后的路由表。

表 4-7　路由器启动初期时的路由表项

R1			
目的网段	接口	下一跳地址	跳数
192.168.1.0	Fa0/1	----	0
192.168.2.0	Fa0/0	----	0
R2			
目的网段	接口	下一跳地址	跳数
192.168.2.0	Fa0/0	----	0
192.168.3.0	Fa0/1	----	0
R3			
目的网段	接口	下一跳地址	跳数
192.168.3.0	Fa0/0	----	0
192.168.4.0	Fa0/1	----	0

表 4-8 路由器经过一轮路由更新后的路由表项

R1			
目的网段	接口	下一跳地址	跳数
192.168.1.0	Fa0/1	----	0
192.168.2.0	Fa0/0	----	0
192.168.3.0	Fa0/0	192.168.2.2	1
R2			
目的网段	接口	下一跳地址	跳数
192.168.2.0	Fa0/0	----	0
192.168.3.0	Fa0/1	----	0
192.168.1.0	Fa0/0	192.168.2.1	1
192.168.4.0	Fa0/1	192.168.3.2	1
R3			
目的网段	接口	下一跳地址	跳数
192.168.3.0	Fa0/0	----	0
192.168.4.0	Fa0/1	----	0
192.168.2.0	Fa0/0	192.168.3.1	1

表 4-9 路由器经过新一轮更新后的路由表项

R1			
目的网段	接口	下一跳地址	跳数
192.168.1.0	Fa0/1	----	0
192.168.2.0	Fa0/0	----	0
192.168.3.0	Fa0/0	192.168.2.2	1
192.168.4.0	Fa0/0	192.168.2.2	2
R2			
目的网段	接口	下一跳地址	跳数
192.168.2.0	Fa0/0	----	0
192.168.3.0	Fa0/1	----	0
192.168.1.0	Fa0/0	192.168.2.1	1
192.168.4.0	Fa0/1	192.168.3.2	1
R3			
目的网段	接口	下一跳地址	跳数
192.168.3.0	Fa0/0	----	0
192.168.4.0	Fa0/1	----	0
192.168.2.0	Fa0/0	192.168.3.1	1
192.168.1.0	Fa0/0	192.168.3.1	2

表 4-7 所示的 RIP 路由协议刚运行时，路由器之间还没有开始发路由更新包，每个路由器的路由表只有直连路由，其跳数为 0。表 4-8 所示为当经过第一个 30 s 后，每个路由器就会向邻居路由器发送自己路由器的全部路由表，邻居路由器收到对方的路由表后，先将所有路由信息条目中的跳数加 1，并改变下一跳地址为所收到路由信息包的对方路由器接口 IP 地址，最终再选择是否比较跳数大小。表 4-8 中 R1 从邻居路由器 R2 处收到 R2 的路由表，里面包含 2 个目的网段 192.168.2.0/24 和 192.168.3.0/24，通过 RIP 更新原则，192.168.3.0 是新网段，直接更新；而 192.168.2.0/24 早已存在原有路由表中，因此最后通过比较跳数大小选择不更新。表 4-8 所示为经过一段时间后，每个路由器不断把自己的路由表项向相邻路由器转发最后形成的路由表，这时所有的路由器都存在该自治系统中所有网段的路由信息。

3．RIP 的配置与实现

（1）启用 RIP 路由进程，进入路由器配置模式。

全局模式#router　rip

（2）设置路由器版本号。

全局模式#version 1|2

即使用 RIPV1 还是 RIPV2 路由协议，缺省情况下为版本 1，路由器可以接收两个版本的路由信息，但只发送版本 1 的路由信息。

（3）定义参与 RIP 路由的直连网络。

全局模式#network　直连网段

（4）配置被动接口，选择性通告路由。

全局模式#router rip

路由模式#passive-interface　接口名称

在局域网内的路由不需要向外发送路由更新，这时可以将路由器的该接口设置为被动接口，所谓被动接口指在路由器的某个接口上只接收路由更新，却不发送路由更新。

（5）显示整个路由表，结果中 RIP 动态路由就以大写字母"R"标识。

特权模式#show ip route

（6）清除路由表。

全局模式#clear ip route

（7）显示活动路由协议进程的参数和当前状态。

特权模式#Show ip protocol

4．RIP 存在的局限性

虽然 RIP 动态路由协议具有实现简单、开销较小等优点。但由于本身的不足，在使用中也受到一些限制：

（1）由于跳数极限值的限制，RIP 协议不适用于大型网络。如果网络过大，跳数值超过 15，路径即被认定无效，从而使得网络无法正常工作。

（2）由于任意一个网络设备都可以发送路由更新信息，RIP 协议的可靠性和安全性无法得到保证。

（3）RIP 协议所使用的算法是距离矢量运算，这仅仅考虑路由中跳数值的大小。然而在实际应用中，网络时延以及网络的可靠性将成为影响网络传输质量的重要指标。因此跳数值无法正确反映网络的真实情况，从而使得路由器在路由选择上出现差错。

（4）路由信息的更新时间过长，同时由于在更新路由器发送完整的路由表信息，因此随着网络规模的扩大，就会占用了更多的网络资源，因此，RIP 协议对网络带宽要求更高，增加网络开销。

实训内容：

任务：已知某企业的网络拓扑图如图 4-14 所示，现要求动态路由协议 RIP 实现全网互通。

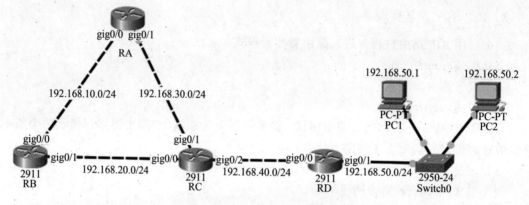

图 4-14　RIP 动态路由协议

路由器接口配置列表如表 4-10 所示。

表 4-10　路由器接口配置列表

设备名称	gig0/0 接口 IP	gig0/1 接口 IP	gig0/2 接口
RA	192.168.10.1	192.168.30.1	
RB	192.168.10.2	192.168.20.1	
RC	192.168.20.2	192.168.30.2	192.168.40.1
RD	192.168.40.2	192.168.50.1	

计算机配置列表如表 4-11 所示。

表 4-11　计算机配置列表

设备名称	IP 地址	网关
PC1	192.168.50.1	192.168.50.100
PC2	192.168.50.2	192.168.50.100

第一步：分别给 2 台主机与四台路由器配置 IP 地址

RA（config）#interface GigabitEthernet0/0

```
RA（config-if）#ip address 192.168.10.1 255.255.255.0
RA（config-if）#no shutdown
RA（config-if）#exit
RA（config）#interface GigabitEthernet0/1
RA（config-if）# ip address 192.168.30.1 255.255.255.0
RA（config-if）#no shutdown
RB（config）#interface GigabitEthernet0/0
RB（config-if）#ip address 192.168.10.2 255.255.255.0
RB（config-if）#no shutdown
RB（config-if）#exit
RB（config）#interface GigabitEthernet0/1
RB（config-if）# ip address 192.168.20.1 255.255.255.0
RB（config-if）#no shutdown
RC（config）#interface GigabitEthernet0/0
RC（config-if）#ip address 192.168.20.2 255.255.255.0
RC（config-if）#no shutdown
RC（config-if）#exit
RC（config）#interface GigabitEthernet0/1
RC（config-if）# ip address 192.168.30.2 255.255.255.0
RC（config-if）#no shutdown
RC（config-if）#exit
RC（config）#interface GigabitEthernet0/2
RC（config-if）# ip address 192.168.40.1 255.255.255.0
RD（config）#interface GigabitEthernet0/0
RD（config-if）# ip address 192.168.40.2 255.255.255.0
RD（config-if）#no shutdown
RD（config）#interface GigabitEthernet0/1
RD（config-if）# ip address 192.168.50.1 255.255.255.0
RD（config-if）#no shutdown
```

第二步：分别给 4 个路由器开启 RIP 路由协议

```
RA（config）#router rip
RA（config-router）#network 192.168.10.0
RA（config-router）#network 192.168.3.0
RB（config）#router rip
RB（config-router）#network 192.168.10.0
RB（config-router）#network 192.168.20.0
RC（config）#router rip
RC（config-router）#network 192.168.20.0
RC（config-router）#network 192.168.30.0
RC（config-router）#network 192.168.40.0
RD（config）#router rip
```

```
RD(config-router)#network 192.168.40.0
RD(config-router)#network 192.168.50.0
```
第三步：查看是否成功学习到路由信息
RA：

```
RA#show ip route
Codes: L - local, C - connected, S - static, R - RIP, M - mobile, B - BGP
       D - EIGRP, EX - EIGRP external, O - OSPF, IA - OSPF inter area
       N1 - OSPF NSSA external type 1, N2 - OSPF NSSA external type 2
       E1 - OSPF external type 1, E2 - OSPF external type 2, E - EGP
       i - IS-IS, L1 - IS-IS level-1, L2 - IS-IS level-2, ia - IS-IS inter area
       * - candidate default, U - per-user static route, o - ODR
       P - periodic downloaded static route

Gateway of last resort is not set

     192.168.10.0/24 is variably subnetted, 2 subnets, 2 masks
C       192.168.10.0/24 is directly connected, GigabitEthernet0/0
L       192.168.10.1/32 is directly connected, GigabitEthernet0/0
R    192.168.20.0/24 [120/1] via 192.168.10.2, 00:00:16, GigabitEthernet0/0
     192.168.30.0/24 is variably subnetted, 2 subnets, 2 masks
C       192.168.30.0/24 is directly connected, GigabitEthernet0/1
L       192.168.30.1/32 is directly connected, GigabitEthernet0/1
R    192.168.40.0/24 [120/2] via 192.168.10.2, 00:00:16, GigabitEthernet0/0
R    192.168.50.0/24 [120/3] via 192.168.10.2, 00:00:16, GigabitEthernet0/0
```

RB：

```
RB#show ip route
Codes: L - local, C - connected, S - static, R - RIP, M - mobile, B - BGP
       D - EIGRP, EX - EIGRP external, O - OSPF, IA - OSPF inter area
       N1 - OSPF NSSA external type 1, N2 - OSPF NSSA external type 2
       E1 - OSPF external type 1, E2 - OSPF external type 2, E - EGP
       i - IS-IS, L1 - IS-IS level-1, L2 - IS-IS level-2, ia - IS-IS inter area
       * - candidate default, U - per-user static route, o - ODR
       P - periodic downloaded static route

Gateway of last resort is not set

     192.168.10.0/24 is variably subnetted, 2 subnets, 2 masks
C       192.168.10.0/24 is directly connected, GigabitEthernet0/0
L       192.168.10.2/32 is directly connected, GigabitEthernet0/0
     192.168.20.0/24 is variably subnetted, 2 subnets, 2 masks
C       192.168.20.0/24 is directly connected, GigabitEthernet0/1
L       192.168.20.1/32 is directly connected, GigabitEthernet0/1
R    192.168.30.0/24 [120/1] via 192.168.20.2, 00:00:23, GigabitEthernet0/1
R    192.168.40.0/24 [120/1] via 192.168.20.2, 00:00:23, GigabitEthernet0/1
R    192.168.50.0/24 [120/2] via 192.168.20.2, 00:00:23, GigabitEthernet0/1
```

RC：

```
RC#show ip route
Codes: L - local, C - connected, S - static, R - RIP, M - mobile, B - BGP
       D - EIGRP, EX - EIGRP external, O - OSPF, IA - OSPF inter area
       N1 - OSPF NSSA external type 1, N2 - OSPF NSSA external type 2
       E1 - OSPF external type 1, E2 - OSPF external type 2, E - EGP
       i - IS-IS, L1 - IS-IS level-1, L2 - IS-IS level-2, ia - IS-IS inter area
       * - candidate default, U - per-user static route, o - ODR
       P - periodic downloaded static route
```

```
Gateway of last resort is not set

R     192.168.10.0/24 [120/1] via 192.168.20.1, 00:00:16, GigabitEthernet0/0
      192.168.20.0/24 is variably subnetted, 2 subnets, 2 masks
C        192.168.20.0/24 is directly connected, GigabitEthernet0/0
L        192.168.20.2/32 is directly connected, GigabitEthernet0/0
      192.168.30.0/24 is variably subnetted, 2 subnets, 2 masks
C        192.168.30.0/24 is directly connected, GigabitEthernet0/1
L        192.168.30.2/32 is directly connected, GigabitEthernet0/1
      192.168.40.0/24 is variably subnetted, 2 subnets, 2 masks
C        192.168.40.0/24 is directly connected, GigabitEthernet0/2
L        192.168.40.1/32 is directly connected, GigabitEthernet0/2
R     192.168.50.0/24 [120/1] via 192.168.40.2, 00:00:03, GigabitEthernet0/2
```

RD：

```
RD#show ip route
Codes: L - local, C - connected, S - static, R - RIP, M - mobile, B - BGP
       D - EIGRP, EX - EIGRP external, O - OSPF, IA - OSPF inter area
       N1 - OSPF NSSA external type 1, N2 - OSPF NSSA external type 2
       E1 - OSPF external type 1, E2 - OSPF external type 2, E - EGP
       i - IS-IS, L1 - IS-IS level-1, L2 - IS-IS level-2, ia - IS-IS inter area
       * - candidate default, U - per-user static route, o - ODR
       P - periodic downloaded static route

Gateway of last resort is not set

R     192.168.10.0/24 [120/2] via 192.168.40.1, 00:00:16, GigabitEthernet0/0
R     192.168.20.0/24 [120/1] via 192.168.40.1, 00:00:16, GigabitEthernet0/0
R     192.168.30.0/24 [120/1] via 192.168.40.1, 00:00:16, GigabitEthernet0/0
      192.168.40.0/24 is variably subnetted, 2 subnets, 2 masks
C        192.168.40.0/24 is directly connected, GigabitEthernet0/0
L        192.168.40.2/32 is directly connected, GigabitEthernet0/0
      192.168.50.0/24 is variably subnetted, 2 subnets, 2 masks
C        192.168.50.0/24 is directly connected, GigabitEthernet0/1
L        192.168.50.100/32 is directly connected, GigabitEthernet0/1
---
```

第四步：验证 PC1 与 4 个路由器之间的连通性。

RA：

```
PC>ping 192.168.10.1

Pinging 192.168.10.1 with 32 bytes of data:

Reply from 192.168.10.1: bytes=32 time=1ms TTL=252
Reply from 192.168.10.1: bytes=32 time=0ms TTL=252
Reply from 192.168.10.1: bytes=32 time=0ms TTL=252
Reply from 192.168.10.1: bytes=32 time=0ms TTL=252

Ping statistics for 192.168.10.1:
    Packets: Sent = 4, Received = 4, Lost = 0 (0% loss),
Approximate round trip times in milli-seconds:
    Minimum = 0ms, Maximum = 1ms, Average = 0ms
```

RB：

```
PC>ping 192.168.20.1

Pinging 192.168.20.1 with 32 bytes of data:

Reply from 192.168.20.1: bytes=32 time=0ms TTL=253
Reply from 192.168.20.1: bytes=32 time=1ms TTL=253
Reply from 192.168.20.1: bytes=32 time=1ms TTL=253
Reply from 192.168.20.1: bytes=32 time=0ms TTL=253

Ping statistics for 192.168.20.1:
    Packets: Sent = 4, Received = 4, Lost = 0 (0% loss),
Approximate round trip times in milli-seconds:
    Minimum = 0ms, Maximum = 1ms, Average = 0ms
```

RC:

```
PC>ping 192.168.30.1

Pinging 192.168.30.1 with 32 bytes of data:

Request timed out.
Reply from 192.168.30.1: bytes=32 time=0ms TTL=252
Reply from 192.168.30.1: bytes=32 time=1ms TTL=252
Reply from 192.168.30.1: bytes=32 time=0ms TTL=252

Ping statistics for 192.168.30.1:
    Packets: Sent = 4, Received = 3, Lost = 1 (25% loss),
Approximate round trip times in milli-seconds:
    Minimum = 0ms, Maximum = 1ms, Average = 0ms
```

RD:

```
PC>ping 192.168.40.1

Pinging 192.168.40.1 with 32 bytes of data:

Reply from 192.168.40.1: bytes=32 time=0ms TTL=254
Reply from 192.168.40.1: bytes=32 time=0ms TTL=254
Reply from 192.168.40.1: bytes=32 time=0ms TTL=254
Reply from 192.168.40.1: bytes=32 time=0ms TTL=254

Ping statistics for 192.168.40.1:
    Packets: Sent = 4, Received = 4, Lost = 0 (0% loss),
Approximate round trip times in milli-seconds:
    Minimum = 0ms, Maximum = 0ms, Average = 0ms
```

4.5 实例——动态路由协议 OSPF 的单区域配置

实训目的：

熟悉路由器的工作原理，理解动态路由的特点及配置方法，学会开放式最短路径优先协议 OSPF 的单区域配置。

实训环境：

3 个路由器、2 台电脑、相关设备线。

实训导读：

开放式最短路径优先（Open Source Path First）协议是一种内部网关协议。它是为克服 RIP 的缺点在 1989 年开发出来的。开放式最短路径优先协议主要用于在自主系统中的路由器之间传输路由信息。相较于路由信息协议，开放式最短路径优先协议适用网络的规模更大，范围更广。此外，开放式最短路径优先协议也摆脱了距离矢量的运算法则，而是基于另外一种运算，由 Dijkstra 提出的基于链路状态路径算法。同时，该协议也能够支持分层网络，这使得开放式最短路径优先协议的应用更加具有灵活性，广泛性。OSPF 的第二个版本 OSPF2 已成为因特网标准协议。

1．OSPF 协议相关术语

1）Router ID

一个 32 bit 的无符号整数，是一台路由器的标识，在整个自治系统内具有唯一性。

2）Area（区域）

区域号是一个 32 bit 的整数定义为 IP Address 格式，也可以定义为一个十进制整数表示如（Area 0.0.0.0，or area 0），区域 0.0.0.0 保留为骨干区，其他区定义为非骨干区，非骨干区必须连接到骨干区。

3）Cost（花费值）

一个 16 bit 正数，范围为 1~65535，Cost 值越小链路越优。当路由器在选取路由时依靠整个链路 Cost 的值的总和，总和的值越小认为越优先选择。

4）ABR（区域边界路由器）

ABR 位于一个或多个 OSPF 区域边界上，是将这些区域连接到骨干区域的路由器。ABR 同时被认为是 OSPF 骨干和相连区域的成员。因此，它们同时维护着描述骨干拓扑和其他区域拓扑的路由选择表。

5）ASBR（自治系统边界路由器）

一个 OSPF 路由器，但它连接另一个 AS，或者在同一个 AS 的网络区域中，但运行不同于 OSPF 的 IGP。

6）LSA（链路状态通告）

描述路由器的本地链路状态，通过该通告向整个 OSPF 区域扩散。

7）Link Type（链路类型）

包括广播网络、非广播网络、点到点、点到多点。Ethernet 是一个广播网络，帧中继和 X.25

等网络是非广播网络。在非广播网络中，有非广播多点访问网络 NBMA（在同一个网络上，但不能广播访问到）和点到多点网络。

8）DR（指定路由器）

在广播和 NBMA 网络中，指定路由器用于向公共网络传播链路状态信息。

9）BDR（备份指定路由器）

在 DR 故障时，接替 DR 的路由器。

10）区域类型

区域类型包括骨干区域、STUB 区域、TRANSIT 区域。一个 OSPF 互联网络，无论有没有划分区域，总是至少有一个骨干区域。骨干区域有一个 ID 0.0.0.0，也称为区域 0。骨干区域必须是连续的（也就是中间不会越过其他区域），也要求其余区域必须与骨干区域直接相连。骨干区域一般为区域 0（Area 0）其主要工作是在其余区域间传递路由信息。Stub 区域就是只有一个出口路径的区域。

11）Virtual-Link（虚连接）

由于网络的拓扑结构复杂，有时无法满足每个区域必须和骨干区域直接相连的要求，为解决此问题，OSPF 提出了虚链路的概念。虚连接设置在两个路由器之间，这两个路由器都有一个端口与同一个非主干区域相连。虚连接被认为是属于主干区域的，在 OSPF 路由协议看来，虚连接两端的两个路由器被一个点对点的链路连接在一起。在 OSPF 路由协议中，通过虚连接的路由信息是作为域内路由来看待。

2．开放式最短路径优先协议的工作原理

开放式最短路径协议是一种内向型自治系统的路由协议，但是，该协议同样能够完成在不同自治系统内收发信息的功能。为了便于管理，开放式最短路径优先协议将一个自治系统划分为多个区域。在自治系统所划分出的各个区域中，区域 0 作为开放式最短路径优先协议工作下的骨干网，该区域负责在不同的区域之间传输路由信息。而在不同区域交接出的路由器也被称作区域边界路由器（Area Boarder Routers），如果两个区域边界路由器彼此不相邻，虚链路可以假设这两个路由器共享同一个非主干区域，从而使这两个路由器看起来是相连的。此外，对于这些划分出的区域来说，各个区域自身的网络拓扑结构是相互不可见的，这样就使得路由信息在网络中的传播大大减少，从而提高了网络性能。在开放式最短路径优先协议中引入了链路状态的概念。所谓链路状态，其包含了链路中附属端口以及量度信息。链路状态公告（Link-State Advertisements）在更新路由器的网络拓扑结构信息库时被广泛应用。路由器中的网络拓扑结构数据库就是对于同一区域中所有路由器所发布的链路状态公告的收集、整理，从而形成以整个网络的拓扑结构图。链路状态公告将会在自治系统的所有区域中传播，而同一区域中的全部路由器所广播的链路状态公告是相同的。但是，对于区域边界路由器来说，这些路由器则负责为不同的区域维持其相应的拓扑结构数据库。开放式最短路径优先协议定义了两种路由通路，分别为区域内路由通路和区域间路由通路。如果起始点和目的终点在同一区域中，数据分组将会直接从起始点传到目的终点，这叫做区域内路由通路。同理，当起始点和目的终点不在同一区域中的信息传输，叫做区域间路由通路。而区域间路由通路则要更加复杂，由于起始点和目的终点不在同一区域中，数据分组将首先会从起始点传到其所在区域的区域边界路由器。之后，通过骨干区域中的路由数据库，数据分组将会被传输送到目的终点所在区域的区域边界路由器上，进而通过该路由器最终传输到目的终点。

在开放式最短路径优先协议工作的起始阶段，路由器将会向所有端口发送问候信息分组。问候信息分组是开放式最短路径协议的另一重要组成部分，其作用是发现、维持邻居路由器并选择指派路由器和备份指派路由器。此外，问候信息分组还保证了邻居路由器之间的双工传输方式。当两个共享同一数据链路的路由器对问候信息分组中的数据达成一致时，这两个路由器被称为邻居，即为邻居路由器。这个过程被称为开放式最短路径优先协议的探索机制。在邻居路由器确定之后，他们之间以双工方式进行传输，并且周期性发送问候信息分组以确认邻居路由器是否有效。在一些邻居路由器之间，通过问候信息分组的交换，由于路由器类型和网络类型的设置，这些邻居路由器将会成为邻接路由器，即虚拟的点对点连接。

邻接路由器之间的关系较邻居路由器更高一层，而这些邻接路由器之间链路状态数据库也是同步的。完成了邻接路由器的确定之后，每个路由器都会向其所有的邻接路由器发送链路状态公告。链路状态公告记录了路由器的连接和端口信息，并且描述了链路的状态。这些链路分别通向子网、其他路由器、自治系统的其他区域或者外部网络。由于这些链路状态所含有信息的类型不同，开放式最短路径优先协议也定义了多种不同类型的链路状态公告。当路由器从其邻接路由器处收到链路状态公告后，路由器将会把这些链路状态公告将被储存在其链路状态数据库中，并且将这些链路状态公告的拷贝发送给与其相邻接的路由器。通过上述方式，链路状态公告在区域中传递，而同一区域中的所有路由器也实现了链路数据库信息的同步。链路状态信息库的信息收集过程完成之后，路由器会根据最短路径优先运算法则，生成一个无循环回路的路由通路图。该图描述了以该路由器自身为基点，到达所有已知目的路由器的最短路径，即开销最小的路径。这个路由通路图被称为最短路径优先树。以这种方式，所有路由器最终产生自身的最短路径优先树，从而完成对整个自治系统的路由配置。开放式最短路径优先协议采用的是触发更新机制，即当网络的拓扑结构发生改变时，发生改变部分的链路状态公告将会以广播的形式在网络中传播，而不是整个路由通路表，从而提高了网络的工作效率。同时，路由器收到更新信息后，将会使用最短路径优先运算产生新的最短路径优先树，以此完成数据的更新过程。

3．OSPF 的五种分组类型

OSPF 共有以下五种分组类型：

（1）问候分组（Hello），用来发现和维持邻接站的可达性。

（2）数据库描述分组（Database Description），向临站给自己的链路状态数据库中的所有链路状态项目的摘要信息。

（3）链路状态请求分组（Link State Request），向对方请求发送某些链路状态项目的详细信息。

（4）链路状态更新分组（Link State Update），用洪泛法对全网更新链路状态。这种分组是最复杂的，也是 OSPF 协议最核心的部分。路由使用这种分组将其链路状态通知给临站。

（5）链路状态确认分组（Link State Acknowledge），对链路更新分组的确认。

OSPF 规定：每两个邻接路由每隔一段时间要交换一次问候分组。这样就能明确哪些邻站是可达的。其他的四种分组都是用来进行链路状态数据库的同步。所谓同步就是指不同路由器的链路状态数据库的内容是一样的。两个同步的路由器叫做完全邻接的路由器。不是完全邻接的路由器表明它们虽然在物理上是相邻的,但是其链路状态数据库并没有达到一致。

4．OSPF 协议配置与实现

进入回环接口,一般回环接口主要用于测试或模拟网段的时候使用。需要注意的是,回环接口是一个逻辑上的接口,没有真实的物理接口对应。
```
Router(config)#interface loopback 0
```
给回环接口配置 IP 地址。
```
Router(config-if)#ip address 192.168.1.1  255.255.255.0
```
运行 OSPF 协议,进程 ID 为 1。进程 ID 只是为了识别路由器本地运行了几个 OSPF 进程。
```
Router(config)#router ospf 1
```
指定路由器的 router-id 为 10.1.1.1
```
Router(config-router)# router-id 10.1.1.1
```
将属于 192.168.10.0/24 与 192.168.20.0/24 这两个网段的所有接口公告到区域 0 里去。
```
Router(config-router)#network 192.168.10.0  0.0.0.255 area 0
Router(config-router)#network 192.168.20.0  0.0.0.255 area 0
```
配置虚连接。
```
Router(config-router)# area area-id virtual-link 对方 Router-id
```
查看路由器是否学习的到路由。
```
Router# show ip route
```
查看当前路由器 OSPF 协议配置的内容
```
Router#show  running-config
```

5．OSPF 协议的特点

OSPF 协议最主要的特征就是使用分布式的链路状态协议（Link State Protocol）,而不是像 RIP 协议那样的距离向量协议。OSPF 协议有 3 个主要的特点：

（1）向本自治系统中所有路由器发送信息。这里使用的方法就是洪泛法,这就是路由器通过所有输出端口向所有相邻的路由器发送信息。而每个相邻路由器又再将此信息发往其所有的相邻路由器。这样,最终整个区域中所有的路由器都得到了这个信息的一个副本。

（2）发送的信息就是与本路由器相邻的所有路由器的链路状态,但这只是路由器所知道的部分信息。所谓链路状态其实就是说明本路由器都和哪些路由器相邻,以及该链路的"度量"。OSPF 用这个"度量"来表示费用、距离、时延、带宽,等等。

（3）只有当链路状态发生变化时,路由器才向所有路由器用洪泛法发送此信息,而不是像 RIP 那样,不管网络拓扑有无发生变化,路由器之间都要定期交换路由表信息。

6．开放式最短路径优先协议的局限

对于开放式最短路径优先协议来说,其更加适应于大型网络,保证传输的可靠性和安全性,较矢量路由协议有更短的收敛时间。但是,开放式最短路径优先协议本身也不可避免地存在一些缺陷：

（1）相较于其他网络协议来说,开放式最短路径优先协议的工作方式更为复杂,对网络配置和操作人员的要求更高，需要操作人员对于网络进行前期规划和设计。

（2）开放式最短路径优先协议的工作基于最短路径优先运算法则，而该运算法则较为复杂，需要更多的 CPU 和内存资源，对于路由器性能要求更高，增加了组网时的开销。

7．RIP 协议和 OSPF 协议的比较

下面将从复杂度、算法、可靠性等几个方面对这两种路由选择协议进行一个详细的比较。

就复杂度而言，RIP 协议相对较简单，也便于设置；OSPF 协议则复杂度较高，配置要求也高，并且需要进行网络规划和设计。由于跳数的限制，RIP 协议更适用于小型网络；而 OSPF 协议更适用于复杂网络、分层网络，其引入边缘概念，将自治系统划分为多个区域（对于系统没有特殊限制）。RIP 协议使用距离矢量运算法则，而 OSPF 协议使用最短路径优先法则。RIP 协议的分组结构是基于 UDP 协议的，而 OSPF 协议是基于 IP 协议的。就两者的收敛时间而言，RIP 协议的更新时间更长一些。由于 RIP 更新信息需要在网络中传递，所以其网络带宽占用多，周期性传输这个路由表，对带宽要求高。而 OSPF 协议发送链路状态信息而不是整个路由表，更新信息只在毗邻路由器间传输，同时区域的划分使得对于网络带宽的要求降低——在同一区域中其他区域的信息将不会被处理。在工作方式方面，RIP 协议每 30 s 发送一次完整的路由表，路由器如果 180 s 没有发送更新路由表，那该路由器将被标记为失效，120 s 之后该路由器将被标记为不存在；而 OSPF 协议每 10 s 发送一次 Hello 分组，超过 40 s 不发送 Hello 分组，路由器将会被认定为无效，每 30 min 更新一次路由数据库。

综上所述，路由信息协议（RIP）主要适用于小型的简单网络结构；而开放式最短路径优先协议（OSPF）更适合于在较复杂的大型网络中应用。同样，开放式最短路径优先协议也更加符合未来的网络向大型、高速和可靠的方向的发展的需求。

实训内容：

任务：OSPF 单区域配置实验：已知某企业的网络拓扑图如图 4-15 所示，所有网段均划入区域 0 中，采用动态路由协议 OSPF 实现全网互通。

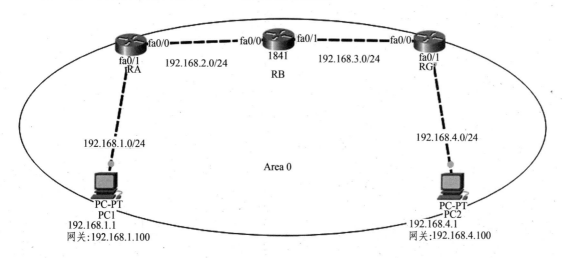

图 4-15　OSPF 动态路由协议

路由器接口配置列表如表 4-12 所示。

表 4-12 路由器接口配置列表

设备名称	fa0/0 接口 IP	fa0/1 接口 IP	Router-id
RA	192.168.2.1	192.168.1.100	10.1.1.1
RB	192.168.2.2	192.168.3.1	20.1.1.1
RC	192.168.3.2	192.168.4.100	30.1.1.1

计算机配置列表如表 4-13 所示。

表 4-13 计算机配置列表

设备名称	IP 地址	网关
PC1	192.168.1.1	192.168.1.100
PC2	192.168.4.1	192.168.4.100

第一步：配置所有路由器接口 IP，以及计算机 IP。
RA：
```
RA(config)#interface FastEthernet0/0
Router(config-if)#ip address 192.168.2.1 255.255.255.0
RA(config-if)#no shutdown
RA(config-if)#exit
RA(config)#interface FastEthernet0/1
RA(config-if)#ip address 192.168.1.100 255.255.255.0
RA(config-if)#no shutdown
```
RB：
```
RB(config)#interface FastEthernet0/0
RB(config-if)#ip address 192.168.2.2 255.255.255.0
RB(config-if)#no shutdown
RB(config-if)#exit
RB(config)#interface FastEthernet0/1
RB(config-if)#ip address 192.168.3.1 255.255.255.0
RB(config-if)#no shutdown
```
RC：
```
RC(config)#interface FastEthernet0/0
RC(config-if)#ip address 192.168.3.2 255.255.255.0
RC(config-if)#no shutdown
RC(config-if)#exit
RC(config)#interface FastEthernet0/1
RC(config-if)#ip address 192.168.4.100 255.255.255.0
```

RC（config-if）#no shutdown
计算机 IP 配置略过。
第二步：在 RA 上配置回环地址，并启动 OSPF 协议。
RA（config）#interface loopback 0
RA（config-if）#ip address 192.168.10.1 255.255.255.0
RA（config-if）#exit
RA（config）#router ospf 1
RA（config-router）#router-id 10.1.1.1
RA（config-router）#network 192.168.10.0 0.0.0.255 area 0
RA（config-router）#network 192.168.1.0 0.0.0.255 area 0
RA（config-router）#network 192.168.2.0 0.0.0.255 area 0
第三步：在 RB 上配置回环地址，并启动 OSPF 协议。
RB（config）#interface loopback 0
RB（config-if）#ip address 192.168.20.1 255.255.255.0
RB（config-if）#exit
RB（config）#router ospf 1
RB（config-router）#router-id 20.1.1.1
RB（config-router）#network 192.168.20.0 0.0.0.255 area 0
RB（config-router）#network 192.168.2.0 0.0.0.255 area 0
RB（config-router）#network 192.168.3.0 0.0.0.255 area 0
第四步：在 RC 上配置回环地址，并启动 OSPF 协议。
RC（config）#interface loopback 0
RC（config-if）#ip address 192.168.30.1 255.255.255.0
RC（config-if）#exit
RC（config）#route ospf 1
RC（config-router）#router-id 30.1.1.1
RC（config-router）#network 192.168.30.0 0.0.0.255 area 0
RC（config-router）#network 192.168.3.0 0.0.0.255 area 0
RC（config-router）#network 192.168.4.0 0.0.0.255 area 0
第五步：查看是否成功学习到 OSPF 路由。
RA：

```
RA#show ip route
Codes: C - connected, S - static, I - IGRP, R - RIP, M - mobile, B - BGP
       D - EIGRP, EX - EIGRP external, O - OSPF, IA - OSPF inter area
       N1 - OSPF NSSA external type 1, N2 - OSPF NSSA external type 2
       E1 - OSPF external type 1, E2 - OSPF external type 2, E - EGP
       i - IS-IS, L1 - IS-IS level-1, L2 - IS-IS level-2, ia - IS-IS inter area
       * - candidate default, U - per-user static route, o - ODR
       P - periodic downloaded static route
```

```
Gateway of last resort is not set

C    192.168.1.0/24 is directly connected, FastEthernet0/1
C    192.168.2.0/24 is directly connected, FastEthernet0/0
O    192.168.3.0/24 [110/2] via 192.168.2.2, 00:09:05, FastEthernet0/0
O    192.168.4.0/24 [110/3] via 192.168.2.2, 00:09:05, FastEthernet0/0
C    192.168.10.0/24 is directly connected, Loopback0
     192.168.20.0/32 is subnetted, 1 subnets
O       192.168.20.1 [110/2] via 192.168.2.2, 00:10:17, FastEthernet0/0
     192.168.30.0/32 is subnetted, 1 subnets
O       192.168.30.1 [110/3] via 192.168.2.2, 00:09:05, FastEthernet0/0
```

RB:

```
RB#show ip route
Codes: C - connected, S - static, I - IGRP, R - RIP, M - mobile, B - BGP
       D - EIGRP, EX - EIGRP external, O - OSPF, IA - OSPF inter area
       N1 - OSPF NSSA external type 1, N2 - OSPF NSSA external type 2
       E1 - OSPF external type 1, E2 - OSPF external type 2, E - EGP
       i - IS-IS, L1 - IS-IS level-1, L2 - IS-IS level-2, ia - IS-IS inter area
       * - candidate default, U - per-user static route, o - ODR
       P - periodic downloaded static route

Gateway of last resort is not set

O    192.168.1.0/24 [110/2] via 192.168.2.1, 00:12:03, FastEthernet0/0
C    192.168.2.0/24 is directly connected, FastEthernet0/0
C    192.168.3.0/24 is directly connected, FastEthernet0/1
O    192.168.4.0/24 [110/2] via 192.168.3.2, 00:10:52, FastEthernet0/1
     192.168.10.0/32 is subnetted, 1 subnets
O       192.168.10.1 [110/2] via 192.168.2.1, 00:12:03, FastEthernet0/0
C    192.168.20.0/24 is directly connected, Loopback0
     192.168.30.0/32 is subnetted, 1 subnets
O       192.168.30.1 [110/2] via 192.168.3.2, 00:10:52, FastEthernet0/1
```

RC:

```
RC#show ip route
Codes: C - connected, S - static, I - IGRP, R - RIP, M - mobile, B - BGP
       D - EIGRP, EX - EIGRP external, O - OSPF, IA - OSPF inter area
       N1 - OSPF NSSA external type 1, N2 - OSPF NSSA external type 2
       E1 - OSPF external type 1, E2 - OSPF external type 2, E - EGP
       i - IS-IS, L1 - IS-IS level-1, L2 - IS-IS level-2, ia - IS-IS inter area
       * - candidate default, U - per-user static route, o - ODR
       P - periodic downloaded static route

Gateway of last resort is not set

O    192.168.1.0/24 [110/3] via 192.168.3.1, 00:11:20, FastEthernet0/0
O    192.168.2.0/24 [110/2] via 192.168.3.1, 00:11:20, FastEthernet0/0
C    192.168.3.0/24 is directly connected, FastEthernet0/0
C    192.168.4.0/24 is directly connected, FastEthernet0/1
     192.168.10.0/32 is subnetted, 1 subnets
O       192.168.10.1 [110/3] via 192.168.3.1, 00:11:20, FastEthernet0/0
     192.168.20.0/32 is subnetted, 1 subnets
O       192.168.20.1 [110/2] via 192.168.3.1, 00:11:20, FastEthernet0/0
C    192.168.30.0/24 is directly connected, Loopback0
```

第六步：测试两台计算机之间的连通性。

```
PC>ping 192.168.4.1

Pinging 192.168.4.1 with 32 bytes of data:

Reply from 192.168.4.1: bytes=32 time=0ms TTL=125
Reply from 192.168.4.1: bytes=32 time=0ms TTL=125
Reply from 192.168.4.1: bytes=32 time=0ms TTL=125
Reply from 192.168.4.1: bytes=32 time=0ms TTL=125

Ping statistics for 192.168.4.1:
    Packets: Sent = 4, Received = 4, Lost = 0 (0% loss),
Approximate round trip times in milli-seconds:
    Minimum = 0ms, Maximum = 0ms, Average = 0ms
```

4.6 实例——动态路由协议 OSPF 的多区域配置

实训目的：

熟悉路由器的工作原理，理解动态路由的特点及配置方法，学会开放式最短路径优先协议 OSPF 的多区域配置。

实训环境：

3 个路由器、2 台电脑、相关设备线。

实训内容：

任务：OSPF 多区域配置实验：已知某企业的网络拓扑图如图 4-16 所示，所有网段的区域均已划分出来，采用动态路由协议 OSPF 实现全网互通。

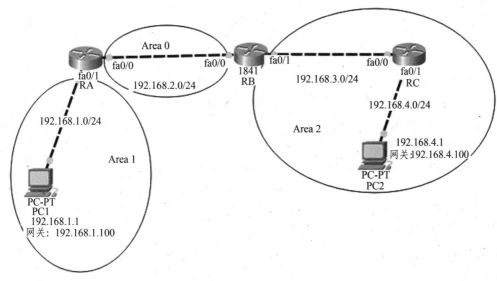

图 4-16 OSPF 多区域网络拓扑图

路由器接口配置列表如表 4-14 所示。

表 4-14　路由器接口配置列表

设备名称	fa0/0 接口 IP	fa0/1 接口 IP	Router-id
RA	192.168.2.1	192.168.1.100	10.1.1.1
RB	192.168.2.2	192.168.3.1	20.1.1.1
RC	192.168.3.2	192.168.4.100	30.1.1.1

计算机配置列表如表 4-15 所示。

表 4-15　计算机配置列表

设备名称	IP 地址	网关
PC1	192.168.1.1	192.168.1.100
PC2	192.168.4.1	192.168.4.100

所有路由器接口 IP 地址以及计算机 IP 请参看实例 4.1.5 配置。

第一步：在 RA 上配置回环地址，并启动 OSPF 协议。

RA（config）#router ospf 1
RA（config-router）#router-id 10.1.1.1
RA（config-router）#network 192.168.1.0 0.0.0.255 area 1
RA（config-router）#network 192.168.2.0 0.0.0.255 area 0
RA（config-router）#network 192.168.10.0 0.0.0.255 area 1

第二步：在 RB 上配置回环地址，并启动 OSPF 协议。

RB（config）#router ospf 1
RB（config-router）#router-id 20.1.1.1
RB（config-router）#network 192.168.2.0 0.0.0.255 area 0
RB（config-router）#network 192.168.3.0 0.0.0.255 area 2
RB（config-router）#network 192.168.20.0 0.0.0.255 area 0

第三步：在 RC 上配置回环地址，并启动 OSPF 协议。

RC（config）#router ospf 1
RC（config-router）#router-id 30.1.1.1
RC（config-router）#network 192.168.3.0 0.0.0.255 area 2
RC（config-router）#network 192.168.4.0 0.0.0.255 area 2
RC（config-router）#network 192.168.30.0 0.0.0.255 area 2

第四步：查看是否成功学习到 OSPF 路由。

RA：

```
RA#show ip route
Codes: C - connected, S - static, I - IGRP, R - RIP, M - mobile, B - BGP
       D - EIGRP, EX - EIGRP external, O - OSPF, IA - OSPF inter area
       N1 - OSPF NSSA external type 1, N2 - OSPF NSSA external type 2
       E1 - OSPF external type 1, E2 - OSPF external type 2, E - EGP
       i - IS-IS, L1 - IS-IS level-1, L2 - IS-IS level-2, ia - IS-IS inter area
       * - candidate default, U - per-user static route, o - ODR
       P - periodic downloaded static route

Gateway of last resort is not set

C       192.168.1.0/24 is directly connected, FastEthernet0/1
C       192.168.2.0/24 is directly connected, FastEthernet0/0
O IA    192.168.3.0/24 [110/2] via 192.168.2.2, 00:10:02, FastEthernet0/0
O IA    192.168.4.0/24 [110/3] via 192.168.2.2, 00:10:02, FastEthernet0/0
C       192.168.10.0/24 is directly connected, Loopback0
        192.168.20.0/32 is subnetted, 1 subnets
O          192.168.20.1 [110/2] via 192.168.2.2, 00:13:17, FastEthernet0/0
        192.168.30.0/32 is subnetted, 1 subnets
O IA       192.168.30.1 [110/3] via 192.168.2.2, 00:10:02, FastEthernet0/0
```

RB:

```
RB#show ip route
Codes: C - connected, S - static, I - IGRP, R - RIP, M - mobile, B - BGP
       D - EIGRP, EX - EIGRP external, O - OSPF, IA - OSPF inter area
       N1 - OSPF NSSA external type 1, N2 - OSPF NSSA external type 2
       E1 - OSPF external type 1, E2 - OSPF external type 2, E - EGP
       i - IS-IS, L1 - IS-IS level-1, L2 - IS-IS level-2, ia - IS-IS inter area
       * - candidate default, U - per-user static route, o - ODR
       P - periodic downloaded static route

Gateway of last resort is not set

O IA 192.168.1.0/24 [110/2] via 192.168.2.1, 00:14:44, FastEthernet0/0
C    192.168.2.0/24 is directly connected, FastEthernet0/0
C    192.168.3.0/24 is directly connected, FastEthernet0/1
O    192.168.4.0/24 [110/2] via 192.168.3.2, 00:11:00, FastEthernet0/1
     192.168.10.0/32 is subnetted, 1 subnets
O IA    192.168.10.1 [110/2] via 192.168.2.1, 00:14:44, FastEthernet0/0
C    192.168.20.0/24 is directly connected, Loopback0
     192.168.30.0/32 is subnetted, 1 subnets
O       192.168.30.1 [110/2] via 192.168.3.2, 00:11:00, FastEthernet0/1
```

RC:

```
RC#show ip route
Codes: C - connected, S - static, I - IGRP, R - RIP, M - mobile, B - BGP
       D - EIGRP, EX - EIGRP external, O - OSPF, IA - OSPF inter area
       N1 - OSPF NSSA external type 1, N2 - OSPF NSSA external type 2
       E1 - OSPF external type 1, E2 - OSPF external type 2, E - EGP
       i - IS-IS, L1 - IS-IS level-1, L2 - IS-IS level-2, ia - IS-IS inter area
       * - candidate default, U - per-user static route, o - ODR
       P - periodic downloaded static route

Gateway of last resort is not set

O IA 192.168.1.0/24 [110/3] via 192.168.3.1, 00:11:31, FastEthernet0/0
O IA 192.168.2.0/24 [110/2] via 192.168.3.1, 00:11:31, FastEthernet0/0
C    192.168.3.0/24 is directly connected, FastEthernet0/0
C    192.168.4.0/24 is directly connected, FastEthernet0/1
     192.168.10.0/32 is subnetted, 1 subnets
O IA    192.168.10.1 [110/3] via 192.168.3.1, 00:11:31, FastEthernet0/0
     192.168.20.0/32 is subnetted, 1 subnets
O IA    192.168.20.1 [110/2] via 192.168.3.1, 00:11:31, FastEthernet0/0
C    192.168.30.0/24 is directly connected, Loopback0
```

第五步：测试计算机之间的连通性。

```
PC>ping 192.168.4.1

Pinging 192.168.4.1 with 32 bytes of data:

Reply from 192.168.4.1: bytes=32 time=0ms TTL=125
Reply from 192.168.4.1: bytes=32 time=0ms TTL=125
Reply from 192.168.4.1: bytes=32 time=0ms TTL=125
Reply from 192.168.4.1: bytes=32 time=0ms TTL=125

Ping statistics for 192.168.4.1:
    Packets: Sent = 4, Received = 4, Lost = 0 (0% loss),
Approximate round trip times in milli-seconds:
    Minimum = 0ms, Maximum = 0ms, Average = 0ms
```

4.7 实例——动态路由协议 OSPF 的虚连接配置

实训目的：

熟悉路由器的工作原理，理解动态路由的特点及配置方法，学会开放式最短路径优先协议 OSPF 的虚连接配置。

实训环境：

3 个路由器、2 台电脑、相关设备线。

实训内容：

任务：OSPF 虚连接配置实验：已知某企业的网络拓扑图如图 4-17 所示，所有网段的区域均已划分出来，现采用动态路由协议 OSPF 实现全网互通。

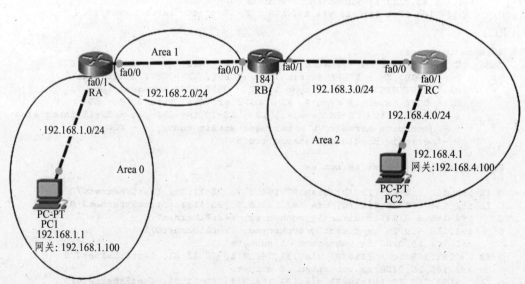

图 4-17　OSPF 虚连接

路由器接口配置列表如表 4-16 所示。

表 4-16　路由器接口配置列表

设备名称	fa0/0 接口 IP	fa0/1 接口 IP	Router-id
RA	192.168.2.1	192.168.1.100	10.1.1.1
RB	192.168.2.2	192.168.3.1	20.1.1.1
RC	192.168.3.2	192.168.4.100	30.1.1.1

计算机配置列表如表 4-17 所示。

表 4-17　计算机配置列表

设备名称	IP 地址	网关
PC1	192.168.1.1	192.168.1.100
PC2	192.168.4.1	192.168.4.100

所有路由器接口 IP 地址以及计算机 IP 请参看实例 4.1.5 配置。
第一步：在 RA 上配置回环地址，并启动 OSPF 协议。
RA（config）#router ospf 1
RA（config-router）#router-id 10.1.1.1
RA（config-router）#network 192.168.1.0 0.0.0.255 area 0
RA（config-router）#network 192.168.2.0 0.0.0.255 area 1
RA（config-router）#network 192.168.10.0 0.0.0.255 area 0
第二步：在 RB 上配置回环地址，并启动 OSPF 协议。
RB（config）#router ospf 1
RB（config-router）#router-id 20.1.1.1
RB（config-router）#network 192.168.2.0 0.0.0.255 area 1
RB（config-router）#network 192.168.3.0 0.0.0.255 area 2
RB（config-router）#network 192.168.20.0 0.0.0.255 area 1
第三步：在 RC 上配置回环地址，并启动 OSPF 协议。
RC（config）#router ospf 1
RC（config-router）#router-id 30.1.1.1
RC（config-router）#network 192.168.3.0 0.0.0.255 area 2
RC（config-router）#network 192.168.4.0 0.0.0.255 area 2
RC（config-router）#network 192.168.30.0 0.0.0.255 area 2
第四步：配置虚连接。
RA（config）#router ospf 1
RA（config-router）#area 1 virtual-link 20.1.1.1
RB（config）#router ospf 1
RB（config-router）#area 1 virtual-link 10.1.1.1
第五步：查看是否成功学习到 OSPF 路由。

RA:

```
RA#show ip route
Codes: C - connected, S - static, I - IGRP, R - RIP, M - mobile, B - BGP
       D - EIGRP, EX - EIGRP external, O - OSPF, IA - OSPF inter area
       N1 - OSPF NSSA external type 1, N2 - OSPF NSSA external type 2
       E1 - OSPF external type 1, E2 - OSPF external type 2, E - EGP
       i - IS-IS, L1 - IS-IS level-1, L2 - IS-IS level-2, ia - IS-IS inter area
       * - candidate default, U - per-user static route, o - ODR
       P - periodic downloaded static route

Gateway of last resort is not set

C    192.168.1.0/24 is directly connected, FastEthernet0/1
C    192.168.2.0/24 is directly connected, FastEthernet0/0
O IA 192.168.3.0/24 [110/2] via 192.168.2.2, 00:10:02, FastEthernet0/0
O IA 192.168.4.0/24 [110/3] via 192.168.2.2, 00:10:02, FastEthernet0/0
C    192.168.10.0/24 is directly connected, Loopback0
     192.168.20.0/32 is subnetted, 1 subnets
O       192.168.20.1 [110/2] via 192.168.2.2, 00:13:17, FastEthernet0/0
     192.168.30.0/32 is subnetted, 1 subnets
O IA    192.168.30.1 [110/3] via 192.168.2.2, 00:10:02, FastEthernet0/0
```

RB:

```
RB#show ip route
Codes: C - connected, S - static, I - IGRP, R - RIP, M - mobile, B - BGP
       D - EIGRP, EX - EIGRP external, O - OSPF, IA - OSPF inter area
       N1 - OSPF NSSA external type 1, N2 - OSPF NSSA external type 2
       E1 - OSPF external type 1, E2 - OSPF external type 2, E - EGP
       i - IS-IS, L1 - IS-IS level-1, L2 - IS-IS level-2, ia - IS-IS inter area
       * - candidate default, U - per-user static route, o - ODR
       P - periodic downloaded static route

Gateway of last resort is not set

O IA 192.168.1.0/24 [110/2] via 192.168.2.1, 00:14:44, FastEthernet0/0
C    192.168.2.0/24 is directly connected, FastEthernet0/0
C    192.168.3.0/24 is directly connected, FastEthernet0/1
O    192.168.4.0/24 [110/2] via 192.168.3.2, 00:11:00, FastEthernet0/1
     192.168.10.0/32 is subnetted, 1 subnets
O IA    192.168.10.1 [110/2] via 192.168.2.1, 00:14:44, FastEthernet0/0
C    192.168.20.0/24 is directly connected, Loopback0
     192.168.30.0/32 is subnetted, 1 subnets
O       192.168.30.1 [110/2] via 192.168.3.2, 00:11:00, FastEthernet0/1
```

RC:

```
RC#show ip route
Codes: C - connected, S - static, I - IGRP, R - RIP, M - mobile, B - BGP
       D - EIGRP, EX - EIGRP external, O - OSPF, IA - OSPF inter area
       N1 - OSPF NSSA external type 1, N2 - OSPF NSSA external type 2
       E1 - OSPF external type 1, E2 - OSPF external type 2, E - EGP
       i - IS-IS, L1 - IS-IS level-1, L2 - IS-IS level-2, ia - IS-IS inter area
       * - candidate default, U - per-user static route, o - ODR
       P - periodic downloaded static route

Gateway of last resort is not set

O IA 192.168.1.0/24 [110/3] via 192.168.3.1, 00:11:31, FastEthernet0/0
O IA 192.168.2.0/24 [110/2] via 192.168.3.1, 00:11:31, FastEthernet0/0
C    192.168.3.0/24 is directly connected, FastEthernet0/0
C    192.168.4.0/24 is directly connected, FastEthernet0/1
     192.168.10.0/32 is subnetted, 1 subnets
O IA    192.168.10.1 [110/3] via 192.168.3.1, 00:11:31, FastEthernet0/0
     192.168.20.0/32 is subnetted, 1 subnets
O IA    192.168.20.1 [110/2] via 192.168.3.1, 00:11:31, FastEthernet0/0
C    192.168.30.0/24 is directly connected, Loopback0
```

第六步：测试计算机之间的连通性。

```
PC>ping 192.168.4.1

Pinging 192.168.4.1 with 32 bytes of data:

Reply from 192.168.4.1: bytes=32 time=0ms TTL=125
Reply from 192.168.4.1: bytes=32 time=0ms TTL=125
Reply from 192.168.4.1: bytes=32 time=0ms TTL=125
Reply from 192.168.4.1: bytes=32 time=0ms TTL=125

Ping statistics for 192.168.4.1:
    Packets: Sent = 4, Received = 4, Lost = 0 (0% loss),
Approximate round trip times in milli-seconds:
    Minimum = 0ms, Maximum = 0ms, Average = 0ms
```

5 网络互联

随着网络技术的发展、网络应用的扩大，单个网络已经不能满足社会的需求，多种网络的互联成为一种必然的趋势，网络互联技术应运而生。所谓网络互联是指将分布不同地址位置的网络、设备相连接，以构成更大的互联网络系统，实现网络资源的共享。广域网（WIDE Area Network）是以信息传输为主要目的的数据通信网，是进行网络互联的中间媒介。由于广域网能连接多个城市或国家，并能实现远距离通信，因而又称远程网。对于广域网，侧重的是网络能够提供什么样的数据传输业务，以及用户如何接入网络等，强调的是数据传输。由于广域网的体系结构不同，其具有传输媒体多样化、连接多样化、结构化多样化、服务多样化的特点，广域网技术及其管理都很复杂。

1．广域网的基本组成

广域网由通信子网和资源子网组成，如图 5-1 所示。

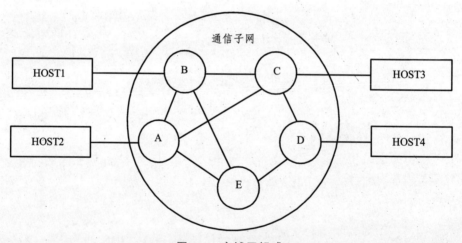

图 5-1　广域网组成

广域网中包含很多用来运行系统程序、用户应用程序的主机（Host），如服务器、路由器、网络智能终端等。其通信子网工作在 OSI/RM 的下 3 层，OSI/RM 高层功能由资源子网完成。

2．广域网的组网方式

为了适应广域网的特点，广域网提供了面向连接的服务模式和面向无连接的服务模式。
面向连接服务模式：如电话系统，进行数据传输之前要建立连接，方可进行数据传输。
面向无连接服务模式：如邮政系统，每个数据分组带有完整的目的地址，经由系统选择的不同路径独立进行传输。

上述两种服务模式各有所长。在实际应用中，对信道数据传输质量较好、实时性要求不高的应用，采用面向无连接的服务模式较好；相反，则采用面向连接的服务模式较好。对应于两种不同的数据传输模式，广域网提供了虚电路和数据包两种不同的组网方式。

3．广域网的类型

1）线路交换网

线路交换网即电路交换网，是面向连接的交换网络。

（1）公用交换电话网（PSTN），也常被称为"电话网"，是人们打电话时所依赖的传输和交换网络，是数字交换和电话交换两种技术的结合。PSTN的组成如图5-2所示。

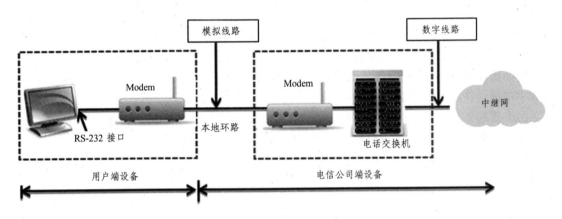

图 5-2　PSTN 组成

（2）综合业务数据网（ISDN）是以电话综合数字网（IDN）为基础发展起来的通信网，是由国际电报和电话顾问委员会（CCITT）和各国的标准化组织开发的一组标准。ISDN的主要目标是提供适合于声音和非声音的综合通信系统来代替模拟电话系统。

1984年10月CCITT给出了ISDN的定义："ISDN是由综合数字电话网发展起来的一个网络，它提供端到端的数字连接以支持广泛的服务，包括声音和非声音的，用户的访问是通过少量、多用途的用户网络标准实现的"。

IDSN的发展分为两种阶段：第一代为窄带综合业务数字网（N-ISDN），第二代为宽带综合业务数字网（B-ISDN）。N-ISDN基于有限的特定带宽，而B-ISDN基于ATM异步传输模式，它的最高速率是N-ISDN的100倍以上。

2）专用线路网

专用线路数据网是通过电信运营商在通信双方之间建立的永久性专用线路，适合于有固定速率的高通信量网络环境。目前最流行的专用线路类型是DDN。数字数据网（DDN）是由光纤、数字微波或卫星等数字传输通道和数字交叉复用设备组的数字通信网络。它主要由本地传输系统、交叉连接/复用系统、局间传输系统和网络管理系统等组成。DDN的结构如图5-3所示。

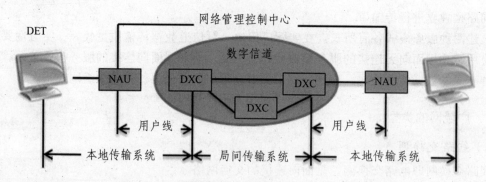

图 5-3　DDN 结构

本地传输系统：由用户设备、用户线和网络接入单元组成，其中把用户线和网络接入单元称为用户环路。

交叉连接/复用系统：主要由数字交叉连接（DXC）设备组成。数字交叉连接设备是 DDN 中的主要结点设备，它是对数字群路信号及其子速率信号进行交换的设备。

局间传输系统：DDN 中各结点机通过数字信道连接组成的局间网络拓扑结构。局间传输的数字信道是指数字传输系统中的基群（2 Mbit/s）信道。

网络管理系统：系统包括用户接入管理、路由的选择、网络资源的调度、网络状态的监控、网络故障诊断、网络运行数据的收集与统计、计费的统计等。

（1）DDN 的功能特点。DDN 具有通话、传真、数据传输、会议电视、帧中继、组建虚拟专网等多种功能，并具有如图 5-4 所示特点：

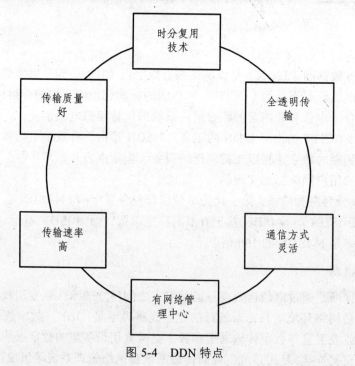

图 5-4　DDN 特点

（2）DDN 提供的业务。DDN 实际上是我们常说的数据租用专线，是近年来广泛使用的数据通信服务，DDN 提供的业务主要有以下 4 项：

① 基本业务：点对点、点到多点通信业务。点到多点通信可以将数据信息流从一点同时传送到多点，使多点同时得到同一信息。

② 帧中继业务：是通过在 DDN 节点上设置帧中继模块来实现的，提供永久性虚电路（PVC）连接方式的帧中继业务。

③ 话音/G3 传真业务：通过在用户入网处设置的话音服务模块提供压缩话音/G3 传真业务。

④ 虚拟专用网（VPN）业务：VPN 是利用 DDN 的部分网络资源所形成的一种虚拟网络。

（3）DDN 的组网方式。

数据终端接口单元接入：这是通常情况下的组网方式，其接口标准符合 ITU-T V.24、V.35 和 X.21。

Modem 接入：在电信局 DDN 节点机机房配置一台调制解调器，在用户终端配置另一台与其相同或兼容的调制解调器。

XDSL 系列设备接入：适用于支持高速用户接入，如 HDSL 接入速率可达 2 048 kbit/s。

节点机接入：将小容量 DDN 节点直接放到用户机房内。用户节点和网络节点之间采用光端机和光纤，提供一个或多个 E1 连接。

光纤电路接入：已将光纤接入到网络用户的家中，通信速率可灵活选择。

（4）DDN 的主要应用。

DDN 作为一种数据业务的承载网络，不仅可以实现用户终端的接入，而且可以满足用户网络的互联，扩大信息的交换与应用范围，在各行各业、各个领域中的应用也较广泛。DDN 的主要应用有：数据传输、语音、图像传输、民航、火车站售票联网、银行联网、股市行情广播及交易、信息数据库查询等。特别适用于业务量大、实时性强的数据通信使用。

随着多媒体通信的普及，人们对网络的带宽、时延、传输质量等提出了更高的要求。DDN 独享资源、信道专用将会造成一部分网络资源的浪费，并对多媒体信息传输显得带宽太窄，致使现有 DDN 传输技术不能适应数据业务的发展和网络规模的扩大。

3）分组交换网

分组交换数据网（PSDN）是一种以分组为基本数据单元进行数据交换的通信网络。PSDN 诞生于 20 世纪 70 年代，是最早被广泛应用的广域网技术，著名的 ARPAnet 就是使用分组交换技术组建的。通过公用分组交换数据网不仅可以将相距很远的局域网互联起来，也可以实现单机接入网络。它采用分组交换（包交换）传输技术，是一种包交换的公共数据网。典型的分组交换网有：X.25 网、帧中继网、ATM 等。

（1）帧中继网。帧中继（Frame Relay，FR）又称快速分组交换，它是在分组交换数据网（PSDN）的基础上发展起来的，在综合业务数字网（ISDN）标准化过程中一项最重要的革新技术，是在数字光纤传输线路逐渐代替原有的模拟线路、用户终端日益智能化的情况下，由 X.25 分组交换网发展起来的一种快速分组交换网。

帧中继采用了两种关键技术，即"虚拟租用线路"和"流水线"技术，从而使帧中继能够面向需要高带宽、低费用、额外开销低的用户群，而得到广泛应用。

① 帧中继网的结构组成。

在物理实现上，帧中继网络由用户设备与网络交换设备组成，其典型结构如图 5-5 所示。

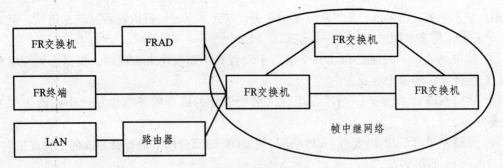

图 5-5 帧中继组成结构

FR 交换机是帧中继网络的核心，其功能作用类似于以太网交换机，都是在数据链路层完成对帧的传送。帧中继网络中的用户设备负责把数据帧送到帧中继网络。

② 帧中继网的功能特点。

误码率低：采用光纤作为传输介质，将分组交换机之间的恢复差错、防止拥塞的处理过程简化，使数据传输误码率大大降低。

效率高：帧中继将分组通信的三层协议简化为两层，大大缩短了处理时间，提高了效率。

适合多媒体传输：帧中继以帧为单位进行数据交换，特别适合于作为网间数据传输单元，适用于多媒体信息的传输。

电路利用率高：帧中继采取统计复用方式，因而提高了电路利用率，能适应突发性业务的需要。

连接性能好：帧中继网是由许多帧中继交换机通过中继电路连接组成的通信网络，可为各种网络提供快速、稳定的连接。

③ 帧中继网提供的业务。

帧中继是一个简单的面向连接的虚电路分组业务，它既提供交换虚电路（PVC），也提供永久虚电路（SVC）。帧中继允许用户以高于约定传输速率的速率发送数据，而不必承担额外费用。帧中继可适用于以下情况：在用户通信所需带宽要求为 64 kbit/s～2 Mbit/s 且参与通信的用户多于两个；通信距离较长；数据业务量为突发性的，由于帧中继具有动态分配带宽的能力，选用帧中继可以有效处理。

帧中继适合于远距离或突发性的数据传输，特别适用于局域网之间互联。

④ 帧中继网的组网方式。

若用户需要接入帧中继网，则可以根据用户的网络类型选择适合的组网方式。

局域网接入：用户接入帧中继网络一般通过 FRAD 设备，FRAD 指支持帧中继的主机、网桥、路由器等，连接如图 5-6 所示。

终端接入：终端通常是指 PC 或大型主机，大部分终端是通过 FRAD 设备接入到帧中继网络。如果是具有标准 UNI（用户网络接口）的终端，例如具有 PPP、SNA 或 X.25 协议的终端，则可作为帧中继终端直接接入帧中继网络。帧中继终端或 FRAD 设备可以采用直通用户电路接入到帧中继网络，也可采用电话交换电路或 ISDN 交换电路接入帧中继网络。

专用帧中继网接入：用户专用帧中继网接入公用帧中继网时，通常将专用网中的规程接入到公用帧中继网络。

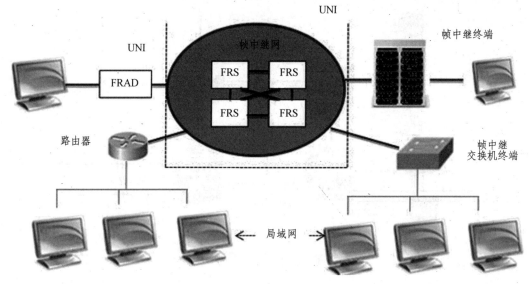

图 5-6　帧中继网络

⑤ 帧中继网的主要应用。帧中继网的应用十分广泛，但主要用在公共或专用网上的局域网互联以及广域网连接。

局域网互联：局域网互联是帧中继最典型的一种应用，在世界上已经建成的帧中继网中，其用户数量占 90% 以上。

虚拟专用网：帧中继网络可以将几个结点划分为一个分区，并可设置相对独立的网络管理机构对分区内的各种资源进行管理。

图像文件传送：帧中继可以为医疗、金融机构提供图像、图表的传送业务。在不久的将来，"帧中继电话"将被越来越多的企业所采用。

（2）ATM，异步传输模式以信元（cell）为传输单位，并且是在数据链路层进行交换。ATM 和 B-ISDN 的结合可实现全世界的网络之间高速连接，ATM 是信息的"高速公路"，它比帧中继的传输速率更高，短距离时高达 2.2G bit/s，长距离时可达 10 Mbit/s ~ 100 Mbit/s。

ATM 信元由信头和信息段两部分组成，一共 53 个字节，其中信头为 5 个字节，信息段 48 个字节，信元长度固定，每个信元都花费同样传输时间。由于信元的发送无固定周期，可采用异步时分复用传输技术，故将 ATM 称为异步传输模式。它能使用户设备同全局网络进行连接，能方便地用数字的形式来处理声音、传真、影像和图像通信。

① ATM 网的配置方法。

ATM 局域网有多种配置方法，例如在传统的局域网中加入一个 ATM 交换机，再把交换机作为路由器和通信中继器，通过它将局域网与广域网相联。图 5-7 所示为由 4 台 ATM 交换机构成的主干局域网。

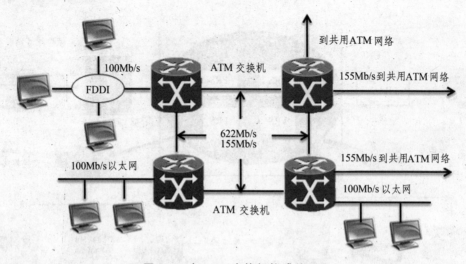

图 5-7 由 ATM 交换机构成的 LAN

② ATM 的功能特点。

固定信元：所有数据信息被组织成 53 字节的信元。固定信元使网络用硬件直接处理，缩短信元的处理时间，保证快速交换。

简化数据链路层的功能：链路层没有差错控制与流量控制，所有工作由端到端高层协议处理。

高效灵活的复用技术：在 ATM 传输中各信道信元是按信息量大小来排队的，是一种统计复用。

能支持不同速率的各种业务：ATM 允许终端有足够多的比特时就利用信道，从而取得灵活的带宽共享。

面向连接：ATM 采用虚路径与虚信道技术使得所有信息在最低层是以面向连接的方式传送，保证实时数据的交换。

③ ATM 的主要应用。

ATM 的应用领域很多，但就目前而言，ATM 的应用领域主要有以下 3 个方面。

多媒体应用：适应于视频点播、电视会议、远程医疗诊断、远程教学和娱乐需要，图 5-8 展示的是 ATM 传输多媒体信息的例子。

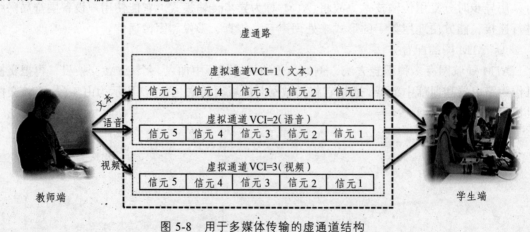

图 5-8 用于多媒体传输的虚通道结构

客户机/服务器结构：在该结构中，服务器要为很多用户提供服务，所以服务器的吞吐能力关系到整个系统的性能，而服务器接入 ATM 网络就可以解决传输速率、网络带宽和大吞吐量的问题，并为更多的用户提供客户机服务。

高速主干网：在企业网和校园环境中，可以将 ATM 网络作为高速主干网分布在各个部门。把众多的小规模 LAN 连接起来，以扩大网络规模，提高网络性能。

注：在广域网技术发展过程中，ATM 这一面向连接的快速分组交换技术曾被认为是最有发展前景的高速互联网解决方案，但由于 ATM 技术、设备和兼容性等方面的原因，现在人们认为千兆、万兆以上的高速以太网技术更适合各局域网之间实现高速互联。

4．广域网协议

通过前面一章的学习，可以知道路由器是互联网的主要结点设备。作为不同网络之间互相连接的枢纽，广域网所采用设备主要是路由器，而局域网主要使用交换机连接网络。广域网的量增大导致技术发生质的变化，即要求采用路由协议在广域网中选择网络路径，同时要求采用广域网协议将计算机中的数据包进行封装，使得数据包能够在广域网中传输。因此广域网接入路由器必须为路由器广域网接口配置对应的广域网协议，为路由器广域网接口配置广域网协议，称为封装，即局域网的数据包添加上适合在广域网中传输的广域网数据包。不同类型的广域网其对应的广域网协议也不一样。

X.25 协议：分组交换协议，应用于 X.25 网络，该协议增加了对数据差错检测与控制的功能，因此导致网络速度较慢以及占用资源较多。

Frame relay 协议：应用于帧中继网络，称为帧中继协议，在 X.25 广域网协议基础上做了相应改变，包括去掉了 X.25 的差错控制，同时也提高了线路的质量，因此 Frame relay 传输的速度较快。

HDLC 协议：高级数据链路控制协议，该协议是 DDN 网络专用的广域网协议。

PPP 协议：点对点拨号协议，该协议是 DDN 网络专用协议。

LDAP 协议：平衡型数据链路访问协议，该协议是针对于 X.25 网络进行访问。

5.1 实例——广域网协议 PPP 配置

实训目的：

掌握广域网协议 PPP 协议 PAP 认证。

实训环境：

2 个路由器、1 台电脑、相关设备线。

实训导读：

用户接入 Internet，在传送数据时都需要有数据链路层协议，其中最为广泛的是串行线路网际协议（SLIP）和点对点协议（PPP）。SLIP（Serial Line Internet Protocol）意为串行线路 Internet 协议。它是通过直接连接和用调制解调器连接的 TCP/IP。由于 SLIP 具有仅支持 IP 等缺点，主要用于低速（不超过 19.2 kbit/s）的交互性业务，它并未成为 Internet 的标准协议。

为了改进 SLIP，人们制订了点对点 PPP（Point-to-Point Protocol）协议。PPP 协议用于实现与 SLIP 一样的目的和作用，它在实现其作用的方式上比 SLIP 要优越得多。PPP 连接协议包括出错检测和纠正，以及分组验证，这是一个安全性特征，它能确保接收的数据分组确实来自于发送者。这些特性合起来使得通过电话线可以建立更为安全的连接。PPP 是一种被认可的 Internet 标准协议，所以目前得到广泛地开发支持。

1．PPP 的功能

（1）明确地划分出一帧的尾部和下一帧的头部的成帧方式。这种帧格式也处理错误检测工作。

（2）当线路不再需要时，挑出这些线路，测试它们，商议选择，并仔细地再次释放链路控制协议。这个协议被称为链路控制协议（LCP，Link Control Protocol）。

（3）用独立于所使用的网络层协议的方法来商议使用网络层的哪些选项。对于每个所支持的网络层来说，所选择的方法有不同的网络控制协议（NCP，Network Control Protocol）。

2．PPP 协议组成

PPP 协议中提供了一整套方案来解决链路建立、维护、拆除、上层协议协商、认证等问题。主要包含以下几个部分：

（1）一个将 IP 数据包封到串行链路的方法。PPP 既支持异步链路（无奇偶校验的 8 比特数据），也支持面向比特的同步链路。

（2）一个用来建立、配置和测试数据链路的链路控制协议。通信的双方可协商一些选项。RFC 1661 中定义了 11 种类型的 LCP 分组。

（3）一套网络控制协议（NCP，Network Control Protocol），负责解决物理连接上运行什么网络协议，以及解决上层网络协议发生的问题。

（4）认证协议，最常用的包括口令验证协议（PAP，Password Authentication Protocol）和挑战握手验证协议（CHAP，Challenge Handshake Authentication Protocol）。

3．PPP 协议配置

1）PAP 配置

（1）PAP 是两次握手验证协议，口令以明文传送，被验证方首先发起验证请求，如图 5-9 所示。

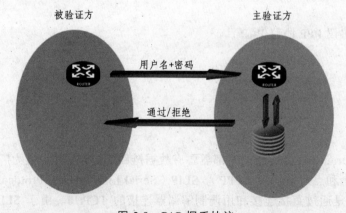

图 5-9　PAP 握手协议

（2）验证方配置。
① 配置验证方式：
ppp authentication-mode pap
② 配置用户列表：
local-user *username* service-type ppp password { simple | cipher } *password*
（3）被验证方配置。
配置 PAP 用户名：
ppp pap local-user *username* password { simple | cipher } *password*
2）CHAP 配置
（1）CHAP 是三次握手验证协议，不发送口令，主验证方首先发起验证请求，安全性比 PAP 高，如图 5-10 所示。

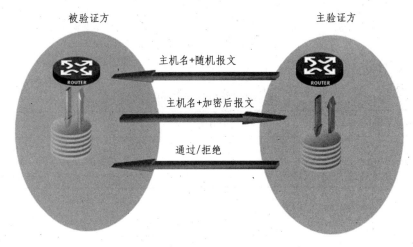

图 5-10　CHAP 握手协议

（2）主验证方配置。
① 配置本地验证对端（方式为 CHAP）：
ppp authentication-mode chap
② 配置本地名称：
ppp chap user *username*
③ 将对端用户名和密码加入本地用户列表：
local-user *username* service-type ppp password { simple | cipher } *password*
（3）被验证方配置。
配置本地名称和对端用户名和密码：
ppp chap user *username*
local-user *username* service-type ppp password { simple | cipher } *password*

实训内容：

PAP 单向认证方式，如图 5-11 所示。

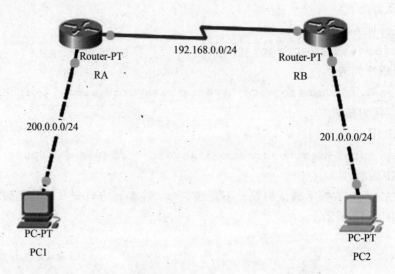

图 5-11 PAP 单向认证

路由器接口配置列表如表 5-1 所示。

表 5-1 路由器接口配置列表

设备名称	fa0/0 接口 IP	SE2/0 接口 IP
RA	200.0.0.100	192.168.0.1
RB	201.0.0.100	192.168.0.2

计算机配置列表如表 5-2 所示。

表 5-2 计算机配置列表

设备名称	IP 地址	网关
PC1	200.0.0.1	200.0.0.100
PC2	201.0.0.1	201.0.0.100

第一步：配置所有路由器接口 IP，以及计算机 IP（此步骤参考实例 4.1.5 实训内容部分，在此省略）。

第二步：在两台路由器 RA、RB 启动 RIP 动态路由协议。

```
RA（config）#route rip
RA（config-router）#network 200.0.0.0
RA（config-router）#network 192.168.0.0
RB（config）#route rip
RB（config-router）#network 201.0.0.0
RB（config-router）#network 192.168.0.0
```

经过上面的配置，现在两台电脑之间可以相互 Ping 通。

第三步：假设 RA 是认证方，RB 是被认证方，在 RA 路由器配置用于验证的用户名与密码数据库。

RA（config）#username ___abc___ password ___123456___

第四步：封装 PPP 协议，并配置使用 PAP 作为认证方法。

RA（config）#int se2/0
RA（config-if）#encapsulation ppp
RA（config-if）#
%LINEPROTO-5-UPDOWN: Line protocol on Interface Serial2/0, changed state to down

（提示：此处出现 Down 的状态，需要在两方都配置成功才能显示 Up 状态）

RA（config-if）#ppp authentication pap

这时在两台电脑之间验证，已经无法 Ping 通，原因在于 RA 已经开启 PAP 认证。

第五步：RB 上配置要登录时用的用户名和密码。

RB（config）#int se2/0
RB（config-if）#encapsulation ppp
RB（config-if）#ppp pap sent-username ___abc___ password ___123456___
RB（config-if）#
%LINEPROTO-5-UPDOWN: Line protocol on Interface Serial2/0, changed state to up

经过测试，现在两台电脑重新可以 Ping 通。

思考题：请思考 PAP 的双向认证方式

5.2 实例——PPP 协议 CHAP 认证配置

实训目的：

掌握广域网协议 PPP 的 CHAP 认证方法。

实训环境：

2 台路由器、2 台电脑、相关设备线。

实训导读：

PPP 中的认证方式有 PAP 和 CHAP 两种，这两种认证既可以单独使用也可以结合使用，既可以进行单向认证也可以进行双向认证。

PAP 是两次握手，认证首先由被认证方发起认证请求，将自己的用户名和密码以明文的方式发送给主认证方。然后，主认证方接受请求，并在自己的本地用户数据库里查找是否有对应的条目，如果有就接受请求；如果没有，就拒绝请求。这种认证方式是不安全的，很容易引起密码的泄露，但是，相对于 CHAP 认证方式来说，节省了链路带宽。比如说现在的 Internet 拨号认证接入方式就是 PAP 认证。

CHAP 是三次握手，认证首先由主认证方发起认证请求，向被认证方发送"挑战"字符串（一些经过摘要算法加工过的随机序列）。然后，被认证方接到主认证方的认证请求后，将用户名和密码（这个密码是根据"挑战"字符串进行 MD5 加密的密码）发回给主认证方。最后，主认证方接收到回应"挑战"字符串后，在自己的本地用户数据库中查找是否有对应的条目，并将用户名对应的密码根据"挑战"字符串进行 MD5 加密，然后将加密的结果和被认证方发来的加密结果进行比较。如果两者相同，则认为认证通过；如果不同，则认为认证失败。

实训内容：

配置 PPP 协议 CHAP 认证拓扑结构如图 5-11 所示。

第一步：配置所有路由器接口 IP，以及计算机 IP。（此步骤省略）

第二步：在两台路由器 RA、RB 启动 RIP 动态路由协议（此步骤省略）

第三步：假设 RA 是认证方，RB 是被认证方，现在在 RA 路由器配置用于验证的用户名与密码数据库。

RA（config）#username abc password 123456

第四步：RA 上封装 PPP 协议，并配置使用 CHAP 作为认证方法。

RA（config）#int se2/0

RA（config-if）#encapsulation ppp

RA（config-if）#

%LINEPROTO-5-UPDOWN: Line protocol on Interface Serial2/0, changed state to down

（提示：此处出现 Down 的状态，需要在两方都配置成功才能显示 Up 状态）

RA（config-if）#ppp authentication chap

第五步：RB 上封装 PPP 协议，并配置使用 CHAP 作为认证方法。

RB（config-if）#encapsulation ppp

RB（config-if）#ppp chap hostname abc

RB（config-if）#ppp chap password 123456

思考题：请思考 CHAP 的双向认证方式。

5.3 实例——帧中继动态映射

实训目的：

掌握广域网帧中继配置方法。

实训环境：

2 台路由器、2 台电脑、相关设备线。

实训导读：

1．帧中继的专有术语

DTE：数据终端设备，一般指用户。

DCE：数据传输设备，提供帧中继网络服务的设备，一般由帧中继运营商提供。

虚电路：两个 DTE 之间通过帧中继网络实现的连接叫做虚电路(VC)，虚电路是以 DLCI 标识的。DLCI 值通常由帧中继服务提供商（例如电话公司）分配。

DLCI：每条虚电路是用数据链路连接标识（DLCI，Data Link Connection ldentifier）来标识，用户可用的 DLCI 范围是 16～1007。

帧中继地址映射：把对端的设备的 IP 地址与本地的 DLCI 相关联，以使得网络层协议使用对端设备的 IP 地址能够寻址到对端设备。

反转 ARP：可以使帧中继动态支学习到网络协议的 IP 地址，利用反转 ARP 的请求报文请求下一跳的协议地址，并在反转 ARP 的响应报文中获取 IP 址，放入 DCLI 和 IP 地址的映射表中。

LMI：本地管理信息协议，用来检测虚电路是否可用，包含 3 种本得管理信息协议：ITU-TQ.933 Annex A、ANSI T1.617 Annex D 和 Cisco 格式。

2．帧中继的配置技术

1）配置接口封装协议

全局模式#Encapsulation frame-relay [ietf]

系统默认封装的帧中继的格式是 Cisco，如果没有特殊的使用场合，则配置 ietf 类型。

2）配置帧中继协议的接口类型

接口模式#Frame-relay intf-type {dte|dce|nni}

默认接口类型为 dte，dce 类型只有在设备用作帧中继交换或者模拟帧中继设备时才使用，nni 是用在帧中继交换机之间的接口类型。如果封装成 dce，必须在此之前在全局配置层配置命令：frame-relay switching

3）配置地址映射

全局模式#Frame-relay map i pip-address DLCI[broadcast|ietf|cisco]

在对端设备不支持反转 ARP（动态地址映射）协议时，本地端必须配置静态地址映射才能通信，设备静态映射之扣，反转 ARP 自动失效。

4）配置动态反转 ARP

全局模式#Frame-relay inverse-arp [ip] [DLCI]

解除动态反转

全局模式#No frame-relay inverse-arp [ip] [DLCI]

5）配置本地虚电路号 DLCI

全局模式#Frame-relay local-dlci DLCI

只有当本地接口类型为 dce 或者是 nni 类型时，才可以在接口上配置本地虚电路号。

6）配置本地管理接口 LMI 类型

全局模式#Frame-relay lmi-type {q933a|ansi|cisco}

用户在配置该参数时，必须和帧中继网络的接入设备（dce 端）一致，系统默认是 Q933A 一般提供 ansi 类型。

7）配置帧中继交换

全局模式#frame-relay route in-dlci interface serial number out-dlci

RGNOS 系列路由器支持帧中继的交换功能，用此功能可以将路由器模拟成局域网络中的交换机。本地接口上 dce 上的 DLCI 设定为 in-dlci，而另外一个同步接口 serial number 上的 dce 的 DLCI 设定为 out-dlci。

8）子接品配置——创建子接口

全局模式#Interface serial number .subinterface-number [multipoing | point-to-point]

子接口使一个单一的物理接口能够被视为多个虚拟接口。对于网络层而言，子接口和主接口没有区别，都可通过配置 PVC 与远端设备相连。子接口又可分为两种：点到点子接口和和点到多点子接口。点到点的子接口不需要配置静态地址映射，利用反转 ARP 就可知道对方 IP 地址对应的 DLCI。

9）指定点对点对应的 DLCI 值

全局模式#frame-relay interface-dlci

具有反转 ARP 能力的所有点到点子接口和多点子接口都需要命令，而使用静态寻址的多点子接口则不需要此命令。

实训内容：

任务：实现动态映射：如图 5-12 所示，三台路由器代表三个不同局域网，通过帧中继进行互联，达到资源共享。

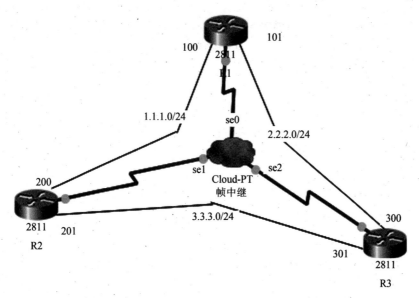

图 5-12 帧中继动态映射

第一步：对 R1 路由器设置封装类型、DLCI 值。

R1#conf t
R1（config）#int s0/3/0
R1（config-if）#no shut
R1（config-if）#encapsulation frame-relay （帧中继封装）
R1（config-if）#frame-relay lmi-type cisco （帧中继封装类型为 cisco）
R1（config）#int s0/3/0.1 point-to-point （配置子接口，并设置为点对点模式）
R1（config-subif）#ip address 1.1.1.1 255.255.255.0 （分配子接口 IP 地址）
R1（config-subif）#frame-relay interface-dlci 100 （指定点对点对应的 DLCI 值）
R1（config-subif）#exit
R1（config）#int s0/3/0.2 point-to-point （配置子端口，并设置为点对点模式）
R1（config-subif）#ip address 2.2.2.1 255.255.255.0 （分配子端口 IP 地址）
R1（config-subif）#frame-relay interface-dlci 101 （指定点对点对应的 DLCI 值）
R1（config-subif）#exit

第二步：对 R2 路由器设置封装类型、DLCI 值。

R2#conf t
R2（config）#int s0/3/0
R2（config-if）#no shut
R2（config-if）#encapsulation frame-relay （帧中继封装）
R2（config-if）#frame-relay lmi-type cisco （帧中继封装类型为 cisco）
R2（config）#int s0/3/0.1 point-to-point （配置子接口，并设置为点对点模式）

R2（config-subif）#ip address 1.1.1.2 255.255.255.0 （分配子接口 IP 地址）

R2（config-subif）#frame-relay interface-dlci 200 （指定点对点对应的 DLCI 值）

R2（config-subif）#exit

R2（config）#int s0/3/0.2 point-to-point （配置子端口，并设置为点对点模式）

R2（config-subif）#ip address 3.3.3.1 255.255.255.0 （分配子端口 IP 地址）

R2（config-subif）#frame-relay interface-dlci 201 （指定点对点对应的 DLCI 值）

R2（config-subif）#exit

第三步：对 R3 路由器设置封装类型、DLCI 值。

R3#conf t

R3（config）#int s0/3/0

R3（config-if）#no shut

R3（config-if）#encapsulation frame-relay （帧中继封装）

R3（config-if）#frame-relay lmi-type cisco （帧中继封装类型为 cisco）

R3（config）#int s0/3/0.1 point-to-point （配置子接口，并设置为点对点模式）

R3（config-subif）#ip address 2.2.2.2 255.255.255.0 （分配子接口 IP 地址）

R3（config-subif）#frame-relay interface-dlci 300 （指定点对点对应的 DLCI 值）

R3（config-subif）#exit

R3（config）#int s0/3/0.2 point-to-point （配置子端口，并设置为点对点模式）

R3（config-subif）#ip address 3.3.3.2 255.255.255.0 （分配子端口 IP 地址）

R3（config-subif）#frame-relay interface-dlci 301 （指定点对点对应的 DLCI 值）

R3（config-subif）#exit

第四步：在帧中继设备中与每个路由器相连的串口处新建 DLCI 值。

Serial 0

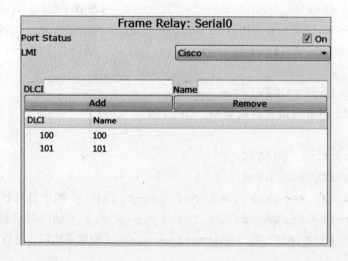

Serial 1

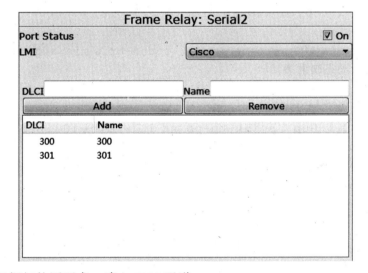

Serial 2

第五步：根据拓扑图要求，建立 PVC 通道。

	来源端口	子链路	目标端口	子链路
1	Serial0	100	Serial1	200
2	Serial0	101	Serial2	300
3	Serial1	201	Serial2	301

第六步：测试三个路由器是否 Ping 通。

R_1-R_2：

R1#ping 2.2.2.2

Type escape sequence to abort.

Sending 5, 100-byte ICMP Echos to 2.2.2.2, timeout is 2 seconds:

!!!!!

Success rate is 100 percent (5/5), round-trip min/avg/max = 8/11/15 ms

R_1-R_3：

R1#ping 1.1.1.2

Type escape sequence to abort.

Sending 5, 100-byte ICMP Echos to 1.1.1.2, timeout is 2 seconds:

!!!!!

Success rate is 100 percent (5/5), round-trip min/avg/max = 7/11/15 ms

R_2-R_3：

R2#ping 3.3.3.2

Type escape sequence to abort.

Sending 5, 100-byte ICMP Echos to 3.3.3.2, timeout is 2 seconds:

!!!!!

Success rate is 100 percent (5/5), round-trip min/avg/max = 9/11/12 ms

第七步：查看动态映射表。

R1：

R1#show frame-relay map

　　Serial0/3/0.1 (up): point-to-point dlci, dlci 100, broadcast, status defined, active

　　Serial0/3/0.2 (up): point-to-point dlci, dlci 101, broadcast, status defined, active

R2：

R1#show frame-relay map

　　Serial0/3/0.1 (up): point-to-point dlci, dlci 100, broadcast, status defined, active

　　Serial0/3/0.2 (up): point-to-point dlci, dlci 101, broadcast, status defined, active

R3：

R1#show frame-relay map

　　Serial0/3/0.1 (up): point-to-point dlci, dlci 100, broadcast, status defined, active

　　Serial0/3/0.2 (up): point-to-point dlci, dlci 101, broadcast, status defined, active

6 网络安全技术——防火墙

1．ACL 基本概念

访问控制列表（ACL，Access Control List）是一种对经过路由器的数据流进行判断、分类和过滤的方法。当网络流量不断增长的时候，可对数据流进行管理和限制。它使用包过滤技术，在路由器上读取第三层及第四层包头中的信息如源地址、目的地址、源端口、目的端口等。根据预先定义好的规则对包进行过滤，从而达到访问控制的目的。该技术初期仅在路由器上支持，近些年来已经扩展到三层交换机，部分最新的二层交换机也开始提供 ACL 支持。

2．ACL 的使用场合

ACL 作为一个通用的数据流量的判别标准还可以和其他技术配合，应用在不同的场合，如：防火墙、QOS 与队列技术、策略路由、数据速率限制、路由策略、端口流镜像、NAT。

3．访问控制列表使用原则

1）最小特权原则

只给受控对象完成任务所必须的最小的权限。也就是说被控制的总规则是各个规则的交集，只满足部分条件的是不容许通过规则的。

2）最靠近受控对象原则

所有的网络层访问权限控制,也就是说在检查规则时是采用自上而下在 ACL 中一条条检测的,只要发现符合条件就立刻转发，而不继续检测下面的 ACL 语句，如下图 6-1 所示。

3）默认丢弃原则

在 Cisco 路由交换设备中,默认最后一句为 ACL 中加入了 DENY ANY ANY(拒绝所有),也就是丢弃所有不符合条件的数据包。

由于 ACL 是使用包过滤技术来实现的,过滤的依据又仅仅只是第三层和第四层包头中的部分信息，这种技术具有一些固有的局限性，如无法识别到具体的人，无法识别到应用内部的权限级别等。因此，要达到端到端的权限控制目的，需要和系统级及应用级的访问权限控制结合使用。

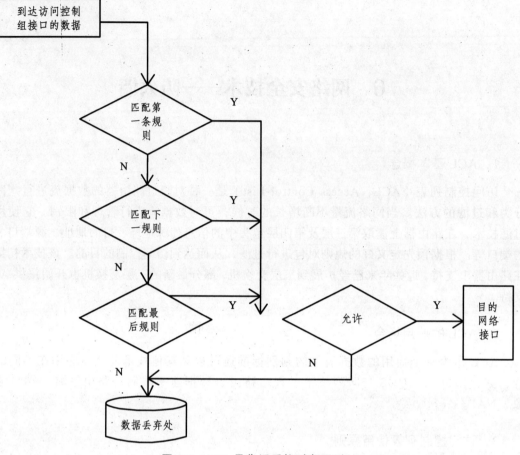

图 6-1 ACL 最靠近受控对象原则

4）唯一性原则

ACL 可应用于某个具体的 IP 接口的出方向和入方向。对于一个协议，一个接口的一个方向同一时间内只能设置一个 ACL。

4．ACL 的分类

1）标准访问控制列表

访问控制列表 ACL 分很多种，不同场合应用不同种类的 ACL。其中最简单的就是标准访问控制列表，标准访问控制列表通过使用 IP 包中的源 IP 地址进行过滤，只能粗略的限制某一大类协议，如 IP 协议。它通过使用的访问控制列表号 1 到 99 来创建相应的 ACL。

2）扩展访问控制列表

上面提到的标准访问控制列表是基于 IP 地址进行过滤的，是最简单的 ACL。如果希望过渡不仅仅是 IP 源地址，希望细到端口或者增加对数据包的目的地址进行过滤，这时候就需要使用扩展访问控制列表。使用扩展 IP 访问列表可以有效地容许用户访问物理 LAN 而并不容许使用某个特定服务（例如 WWW，FTP 等）。扩展访问控制列表使用的 ACL 号为 100 到 199。表 6-1 是标准 ACL 和扩展 ACL 的比较。

表 6-1　标准型与扩展型 ACL 区别

标准型 ACL	扩展 ACL
基于源地址过滤	基于源、目的地址过滤
允许/拒绝整个 TCP/IP 协议簇	指定特定的 IP 协议和协议号
ACL 号范围从 1 到 99	ACL 号范围从 100 到 199

3）基于名称的访问控制列表

基于名称的访问控制列表仅仅是创建标准 ACL 和扩展 ACL 的另一种方法。在大型企业中，访问列表的管理会变得很难操作。例如，当需要修改一个访问列表时，经常要将访问列表复制到一个文本编辑器中，修改号码，编辑列表，然后将新的列表复制回路由器。这样做，可以只简单地将接口上的访问列表的旧号码修改为新号码，但在网络上不能一刻没有访问列表。问题出现了，如何处理旧的访问列表，删除它或是保存起来以防新的列表出问题时可以修改回去？以后怎么办——路由器上出现一大堆没有应用的访问列表。它们过去的作用是什么，还需要它们吗？命名的访问列表是解决这些问题的方案。

在创建和应用标准的或扩展的访问列表时，都允许使用命名的访问列表。除了能够给用户一点参考提示外，这种访问列表没有任何新的或不同的功能。但是语法略有变化。

不管是标准访问控制列表还是扩展访问控制列表，仅用编号区分的访问控制列表不便于网络管理员对访问控制列表作用的识别。基于名称型让人更容易理解其作用，它具有以下几个特性：

（1）名称能更直观地反映访问控制列表完成的功能。

（2）名称访问控制列表没有数目的限制。

（3）名称型访问控制列表允许删除个别语句，而编号访问控制列表只能删除整个访问控制列表。把一个新的规则加入名称型访问控制列表，加入到什么位置取决于是否使用了序列号。ACL 语句序列号能够轻松在 IP ACL 中添加或删除语句以及调整语句的顺序。

（4）单个路由器上的名称在所有协议和类型的名称访问控制列表中必须是惟一的，而不同路由器上的名称访问控制列表上的名称可以相同。

4）反向访问控制列表

在某些网络中，为了考虑安全性，不希望外网用户主动向内网发起连接，因为怀疑这样的动作可能是攻击行为。但是内网用户主动向外部发起的连接，外网的回包可以进入内网。这样的需求，如果使用普通的 ACL 在外网进来的接口上拒绝所有数据包肯定是不行的，因为这样虽然保证外网不能访问内网，安全目的达到了，但是内网主动向外网发起的连接，外网回包时也进不来了，所以这种普通 ACL 不可行。更好的方法就是，先拒绝所有外网主动向内网发起的连接，但是在内网主动向外网发起的连接中，作好记录，打好标记，等到外网回包时，能够让其顺利进入内网，这样既保证了外网不能主动访问内网，实现了安全，又保证了内网发起的连接，外网可以回应，也不妨碍通信。要实现这样的功能，就可以通过特殊的 ACL，即自反 ACL 来实现。

自反 ACL 就是根据以上所述，先拒绝外网向内网发送数据，然后允许内网向外网发送数据，但是在内网的数据发向外网时，这些数据的会话会被记录，被标记，等外网发回的数据和这些有记录的会话属于同一会话时，便可临时在进来的方向上打开缺口，让其返回，其他外网发来的不在记录中的数据，统统不能进入内网。所以根据这些原理，自反 ACL 需要有两个 ACL 来配合使用，一个 ACL 是用在外网到内网的方向，以拒绝外网的主动连接；另一个 ACL 是用在内网到外网的方向，用来检测内网有数据发向外网时，做记录，等外网回包时，就在之前那个 ACL 中打开一个临时缺口，让外网的回包进入，这样就实现了之前所说的安全功能。

自反 ACL 有许多功能限制，只支持命名的扩展 ACL。此 ACL 正因为外网数据在主动进入内网时被拒绝的，所以当内网数据出去时，这个会话会做好记录，会在进的方向给打开缺口，让其返回。这个被打开的缺口，在会话结束后，缺口被关闭。其实大家都知道，只有 TCP 的数据才存在会话，所以当 TCP 数据传完之后，会立马关闭缺口，但是对于没有会话的 UDP，就不能使用上面的方法了，软件根据 Timeout 来判断数据是否传完，如果没有给 ACL 指定 Timeout，默认使用全局 Timeout（300 s），在 Timeout 结束后，缺口被关闭。正因为这些从内网发到外网的数据被记录了，只有返回的数据和记录中的相符，才能进入内网，所以如果返回的数据不符，就进不来，因此，会话在中途端口号是不能更换的，一旦更换，就无法匹配记录了。而像 FTP 这样的会话，在中途要改变端口号，所以 FTP 在有自反 ACL 时，不能很好的工作。自反访问表临时表特征如下：

（1）表项总是一个允许表项。
（2）表项所指定的协议与原来向外报文的协议相同，例如：TCP、UDP、ICMP 或者 IP。
（3）新的表项互换源和目的 IP 地址。
（4）新表项互换源和目的上层端口号（对于 ICMP，则使用特定的编号）。
（5）表项一直存在，直到会话结或者 Timeout 值达时才被删除。
（6）当会话的最后一个报文流过接口时，表项就到期。

在自反 ACL 拒绝外网数据进入内网时，外网是不能先向内网发起连接的，但是并不需要将所有数据都拒绝。在配置时，某些数据就可以放开，让它和正常数据一样没有限制，比如路由协议的数据。而在定义什么样的数据出去之后被记录，可以返回，也可以只选择特定的数据。当在定义这个需要被记录的数据时，使用 ACL 来匹配，只能写一条。如果写多条，除了第一条，其他统统无效。

5）基于时间的访问控制列表

从 IOS 12.0 开始，Cisco 路由器新增加了一种基于时间的访问列表。通过它，可以根据一天中的不同时间，或者根据一星期中的不同日期，当然也可以二者结合起来，控制对网络数据包的转发。

这种基于时间的访问列表就是在原来的标准访问列表和扩展访问列表中加入有效的时间范围来更合理有效地控制网络。它需要先定义一个时间范围，然后在原来的各种访问列表的基础上应用它。并且，对于编号访问表和名称访问表都适用。

6.1 实例——标准型访问控制列表配置

实训目的：

掌握标准型访问控制列表的原理与配置。

6 网络安全技术——防火墙

实训环境：

2 台路由器、2 台电脑、1 台服务器、相关设备线。

实训导读：

1．标准型 ACL 的配置步骤

1）设置判断标准语句（一个 ACL 可以由多条规则组成）

全局模式#access-list <access-list-number> {deny|permit} <source> [<source-wildcard>]

<access-list-number>：列表号标准型 ACL 就是 1 到 99。

{deny|permit}：对数据包的判断，是拒绝还是允许

<source> [<source-wildcard>]：源地址与源通配码，主要功能针对发送方是哪类数据包进行扫描判断。

例：

过滤某一主机数据——全局模式#access-list 10 deny host 192.168.1.1

这句命令是将所有来自于主机 192.168.1.1 地址的数据包拒绝。

过滤某一网段数据——全局模式# access-list 10 deny 192.168.1.0　0.0.0.255

其中 0.0.0.255 是通配掩码，它的反码就是 255.255.255.0。因此，它通常也被称为反掩码。

2）将 ACL 就应用到接口

接口模式#ip access-group　<acl-list-number> {in | out}

In | out：将规则绑定到接口时，有两种方向，in 表示是进的方向，out 表示是出的方向。

3）删除整个 ACL

全局模式#no access-list access-list-number

4）解除接口上的 ACL 绑定

接口模式# ip access-group <acl- list-number> {in | out}

5）隐含的拒绝语句

全局模式# access-list access-list-number deny 0.0.0.0　255.255.255.255

隐含的拒绝语句默认是放在整个规则的末尾，当前面所有规则都无法匹配成功，最后就是这条隐含语句产生效果。

6）关键字

Host：表示某一主机。

Any：表示任意主机。

2．位置放置原则

由于标准 ACL 可以控制源地址，所以应该放置在尽量接近数据目的地的路由器上，减少

网络资源的浪费。

实训内容：

任务：已知某校有两个校区，分别是南校区和北校区，现在需要对访问有所控制，只允许北校区主机 A 访问学院总部服务器，而拒绝来自南校区网段的任何访问。拓扑结构如图 6-2 所示。

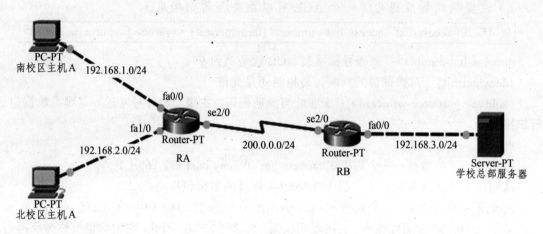

图 6-2　标准型 ACL

路由器接口配置列表如表 6-2 所示。

表 6-2　路由器接口配置列表

设备名称	fa0/0 接口 IP	fa1/0 接口 IP	se2/0 接口 IP
RA	192.168.1.100	192.168.2.100	200.0.0.1
RB	192.168.3.100	—————	200.0.0.2

计算机配置列表如表 6-3 所示。

表 6-3　计算机配置列表

设备名称	IP 地址	网关
南校区主机 A	192.168.1.1	192.168.1.100
北校区主机 A	192.168.2.1	192.168.2.100
学校总部服务器	192.168.3.1	192.168.3.100

第一步：按图 6-2 所示进行设备的连接，并配置所有的路由器接口、计算机 IP 地址，并在两路由器连接处的 DTC 端，配置时钟频率，最后分别在路由器 RA，RB 上配置静态路由。

RA：

```
RA（config）#interface FastEthernet0/0
```

```
RA（config-if）#no shutdown
RA（config-if）#ip address 192.168.1.100 255.255.255.0
RA（config-if）#exit
RA（config）#interface FastEthernet1/0
RA（config-if）#ip address 192.168.2.100 255.255.255.0
RA（config-if）#no shutdown
RA（config）#interface Serial2/0
RA（config-if）#no shutdown
RA（config-if）#clock rate 64000
RA（config-if）#ip address 200.0.0.1 255.255.255.0
RA（config）#ip route 192.168.3.0 255.255.255.0 200.0.0.2
```
RB：
```
RB（config）#interface FastEthernet0/0
RB（config-if）#no shutdown
RB（config-if）#ip address 192.168.3.100 255.255.255.0
RB（config-if）#exit
RB（config）#interface Serial2/0
RB（config-if）#no shutdown
RB（config-if）#ip address 200.0.0.1 255.255.255.0
RB（config）#ip route 192.168.1.0 255.255.255.0 200.0.0.1
RB（config）#ip route 192.168.2.0 255.255.255.0 200.0.0.1
```
第二步：在路由器 A 上创建标准访问控制规则。
```
RA（config）#access-list 10 permit host 192.168.2.1
RA（config）#access-list 10 deny 192.168.2.0 0.0.0.255
```
第三步：将规则绑定到路由器接口上。
```
RA（config）#int se2/0
RA（config-if）#ip access-group 10 out
```
第四步：验证访问控制列表是否生效。

南校区主机 A Ping 学校总部服务器：

```
PC>ping 192.168.3.1

Pinging 192.168.3.1 with 32 bytes of data:

Reply from 192.168.1.100: Destination host unreachable.
Reply from 192.168.1.100: Destination host unreachable.
Reply from 192.168.1.100: Destination host unreachable.
Reply from 192.168.1.100: Destination host unreachable.

Ping statistics for 192.168.3.1:
Packets: Sent = 4, Received = 0, Lost = 4（100% loss），
```

北校区主机 A Ping 学院总部服务器：
PC>ping 192.168.3.1

Pinging 192.168.3.1 with 32 bytes of data:

Request timed out.
Reply from 192.168.3.1: bytes=32 time=1ms TTL=126
Reply from 192.168.3.1: bytes=32 time=11ms TTL=126
Reply from 192.168.3.1: bytes=32 time=10ms TTL=126

Ping statistics for 192.168.3.1:
Packets: Sent = 4, Received = 3, Lost = 1 (25% loss),
Approximate round trip times in milli-seconds:
Minimum = 1ms, Maximum = 11ms, Average = 7ms

第五步：解除路由器 A se2/0 接口上的访问列表绑定。
RA(config)#int se2/0
RA(config-if)#no ip access-group 10 out

第六步：再次验证当所有访问规则消失后，网络是否全网互通。
再次测试南校区主机 A Ping 学校总部服务器：
PC>ping 192.168.3.1

Pinging 192.168.3.1 with 32 bytes of data:

Reply from 192.168.3.1: bytes=32 time=1ms TTL=126
Reply from 192.168.3.1: bytes=32 time=3ms TTL=126
Reply from 192.168.3.1: bytes=32 time=1ms TTL=126
Reply from 192.168.3.1: bytes=32 time=1ms TTL=126

Ping statistics for 192.168.3.1:
Packets: Sent = 4, Received = 4, Lost = 0 (0% loss),
Approximate round trip times in milli-seconds:
Minimum = 1ms, Maximum = 3ms, Average = 1ms

再次测试北校区主机 A Ping 学校总部服务器：
PC>ping 192.168.3.1

Pinging 192.168.3.1 with 32 bytes of data:

Reply from 192.168.3.1: bytes=32 time=15ms TTL=126
Reply from 192.168.3.1: bytes=32 time=1ms TTL=126
Reply from 192.168.3.1: bytes=32 time=11ms TTL=126
Reply from 192.168.3.1: bytes=32 time=11ms TTL=126

Ping statistics for 192.168.3.1:
Packets: Sent = 4, Received = 4, Lost = 0 (0% loss),

```
Approximate round trip times in milli-seconds:
Minimum = 1ms, Maximum = 15ms, Average = 9ms
```
思考：如果在路由器 B 上创建访问列表，访问列表如何配置？

6.2 实例——扩展型访问控制列表配置

实训目的：

掌握扩展型访问控制列表的原理与配置。

实训环境：

2 台路由器、2 台电脑、1 台服务器、相关设备线。

实训导读：

1．扩展型 ACL 的配置步骤

1）设置判断扩展语句（一个 ACL 可以由多条规则组成）

全局模式#access-list <access-list-number> {deny|permit} <protocol><source> <source-wildcard>[<destination><destition-wildcard>[<destination-port>][established]

<access-list-number>：列表号标准型 ACL 就是 100～199

{deny|permit}：对数据包的判断，是拒绝还是允许

<source> [<source-wildcard>]<source-port>：源地址、源通配码、源端口

<destination><destition-wildcard>[<destination-port>]：目的地址、目的通配码、目的端口

2）将 ACL 就应用到接口

接口模式#ip access-group <acl-list-number> {in | out}

In | out：将规则绑定到接口时，有两种方向：in 表示是进的方向，out 表示是出的方向。

3）删除整个 ACL

全局模式#no access-list access-list-number

4）解除接口上的 ACL 绑定

接口模式# ip access-group <acl- list-number> {in | out}

5）查看访问控制列表

特权模式#show access-list

2．扩展型 ACL 新增功能

扩展型 ACL 的编号为 100～199，扩展 ACL 增强了标准 ACL 的功能主要包含以下几个方面：

（1）目的地址——接收方的地址。

（2）IP 协议——可以使用协议的名字来设定检测的网络协议或路由协议，例如：ICMP、TCP 和 UDP 等。

（3）TCP/IP 协议族中的上层协议。可以使用名称来表示上层协议例如："ftp"或"www"，也可以使用操作符"eq（等于）""gt（大于）""lt（小于）""neq（不等于）"来处理部协议。

（4）端口号如表 6-4 所示。

表 6-4 端口号

端口号	协议名称
20，21	FTP
23	TELNET
25	SMTP
53	DNS
69	TFTP
80	WWW

在扩展型访问列表中，可以使用名称来代替端口号，例如：使用 Telnet 来代替端口号 23。

3．放置扩展 ACL 的正确位置

由于扩展 ACL 可以控制目的地址，所以应该放置在尽量接近数据发送源的路由器上，减少网络资源的浪费。

实训内容：

已知某校有三个校区，如图 6-3 所示，分别是东校区、南校区和北校区，现在需要对访问有所控制，只允许北校区主机 A 访问东校区主机 A，而不能访问学院总部服务器，同时只允许南校区主机 A 访问学院总部服务器，而不能访问东校区。

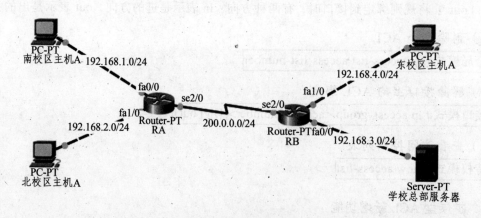

图 6-3 扩展型 ACL

路由器接口配置列表如表 6-5 所示。

表 6-5　路由器接口配置列表

设备名称	fa0/0 接口 IP	Fa1/0 接口 IP	Se2/0 接口 IP
RA	192.168.1.100	192.168.2.100	200.0.0.1
RB	192.168.3.100	192.168.4.100	200.0.0.2

计算机配置列表如表 6-6 所示。

表 6-6　计算机配置列表

设备名称	IP 地址	网关
东校区主机 A	192.168.4.1	192.168.4.100
南校区主机 A	192.168.1.1	192.168.1.100
北校区主机 A	192.168.2.1	192.168.2.100
学校总部服务器	192.168.3.1	192.168.3.100

第一步：按图中所示进行设备的连接，并配置所有的路由器接口、计算机 IP 地址，并在两路由器连接处的 DTC 端，配置时钟频率，最后分别在路由器 RA、RB 上配置静态路由。

RA：
```
RA(config)#interface FastEthernet0/0
RA(config-if)#no shutdown
RA(config-if)#ip address 192.168.1.100 255.255.255.0
RA(config-if)#exit
RA(config)#interface FastEthernet1/0
RA(config-if)#ip address 192.168.2.100 255.255.255.0
RA(config-if)#no shutdown
RA(config)#interface Serial2/0
RA(config-if)#no shutdown
RA(config-if)#clock rate 64000
RA(config-if)#ip address 200.0.0.1 255.255.255.0
RA(config)#ip route 192.168.3.0 255.255.255.0 200.0.0.2
RA(config)#ip route 192.168.4.0 255.255.255.0 200.0.0.2
```
RB：
```
RB(config)#interface FastEthernet0/0
RB(config-if)#no shutdown
RB(config-if)#ip address 192.168.3.100 255.255.255.0
RB(config-if)#exit
RB(config)#interface FastEthernet1/0
RB(config-if)#ip address 192.168.4.100 255.255.255.0
```

```
RB（config-if）#no shutdown
RB（config-if）#exit
RB（config）#interface Serial2/0
RB（config-if）#no shutdown
RB（config-if）#ip address 200.0.0.1 255.255.255.0
RB（config）#ip route 192.168.1.0 255.255.255.0 200.0.0.1
RB（config）#ip route 192.168.2.0 255.255.255.0 200.0.0.1
```

第二步：在路由器 A 上创建扩展型访问控制规则。

```
RA（config）#access-list 100 permit ip host 192.168.1.1 host 192.168.3.1
RA（config）#access-list 100 permit ip host 192.168.2.1 host 192.168.4.1
RA（config）#access-list 100 deny ip any any
```

第三步：将规则绑定到路由器接口上。

```
RA（config）#int se2/0
RA（config-if）#ip access-group 100 out
```

第四步：验证访问控制列表是否生效。

南校区主机 A 分别 Ping 学校总部服务器和东校区主机 A：

```
PC>ping 192.168.3.1

Pinging 192.168.3.1 with 32 bytes of data:

Reply from 192.168.3.1: bytes=32 time=2ms TTL=126
Reply from 192.168.3.1: bytes=32 time=3ms TTL=126
Reply from 192.168.3.1: bytes=32 time=1ms TTL=126
Reply from 192.168.3.1: bytes=32 time=3ms TTL=126

Ping statistics for 192.168.3.1:
Packets: Sent = 4, Received = 4, Lost = 0（0% loss），
Approximate round trip times in milli-seconds:
Minimum = 1ms, Maximum = 3ms, Average = 2ms

PC>ping 192.168.4.1

Pinging 192.168.4.1 with 32 bytes of data:

Reply from 192.168.1.100: Destination host unreachable.
Reply from 192.168.1.100: Destination host unreachable.
Reply from 192.168.1.100: Destination host unreachable.
Reply from 192.168.1.100: Destination host unreachable.
```

```
Ping statistics for 192.168.4.1:
Packets: Sent = 4, Received = 0, Lost = 4 (100% loss),
```

北校区主机 A 分别 Ping 东校区主机 A 和学院总部服务器：
```
PC>ping 192.168.4.1

Pinging 192.168.4.1 with 32 bytes of data:

Reply from 192.168.4.1: bytes=32 time=2ms TTL=126
Reply from 192.168.4.1: bytes=32 time=1ms TTL=126
Reply from 192.168.4.1: bytes=32 time=8ms TTL=126
Reply from 192.168.4.1: bytes=32 time=12ms TTL=126

Ping statistics for 192.168.4.1:
Packets: Sent = 4, Received = 4, Lost = 0 (0% loss),
Approximate round trip times in milli-seconds:
Minimum = 1ms, Maximum = 12ms, Average = 5ms

PC>ping 192.168.3.1

Pinging 192.168.3.1 with 32 bytes of data:

Reply from 192.168.2.100: Destination host unreachable.
Reply from 192.168.2.100: Destination host unreachable.
Reply from 192.168.2.100: Destination host unreachable.
Reply from 192.168.2.100: Destination host unreachable.

Ping statistics for 192.168.3.1:
    Packets: Sent = 4, Received = 0, Lost = 4 (100% loss),
```
第五步：解除路由器 A se2/0 接口上的访问列表绑定。
```
RA(config)#int se2/0
RA(config-if)#no ip access-group 100 out
```
第六步：再次验证当所有访问规则消失后，网络是否全网互通。
再次测试南校区分别 Ping 学校总部服务器和东校区主机 A：
```
PC>ping 192.168.3.1

Pinging 192.168.3.1 with 32 bytes of data:

Reply from 192.168.3.1: bytes=32 time=2ms TTL=126
```

```
Reply from 192.168.3.1: bytes=32 time=3ms TTL=126
Reply from 192.168.3.1: bytes=32 time=9ms TTL=126
Reply from 192.168.3.1: bytes=32 time=1ms TTL=126

Ping statistics for 192.168.3.1:
Packets: Sent = 4, Received = 4, Lost = 0 (0% loss),
Approximate round trip times in milli-seconds:
Minimum = 1ms, Maximum = 9ms, Average = 3ms

PC>ping 192.168.4.1

Pinging 192.168.4.1 with 32 bytes of data:

Reply from 192.168.4.1: bytes=32 time=13ms TTL=126
Reply from 192.168.4.1: bytes=32 time=1ms TTL=126
Reply from 192.168.4.1: bytes=32 time=3ms TTL=126
Reply from 192.168.4.1: bytes=32 time=1ms TTL=126

Ping statistics for 192.168.4.1:
Packets: Sent = 4, Received = 4, Lost = 0 (0% loss),
Approximate round trip times in milli-seconds:
Minimum = 1ms, Maximum = 13ms, Average = 4ms
```

再次验证北校区主机 A 分别 Ping 东校区主机 A 和学院总部服务器：

```
PC>ping 192.168.3.1

Pinging 192.168.3.1 with 32 bytes of data:

Reply from 192.168.3.1: bytes=32 time=1ms TTL=126
Reply from 192.168.3.1: bytes=32 time=1ms TTL=126
Reply from 192.168.3.1: bytes=32 time=3ms TTL=126
Reply from 192.168.3.1: bytes=32 time=3ms TTL=126

Ping statistics for 192.168.3.1:
Packets: Sent = 4, Received = 4, Lost = 0 (0% loss),
Approximate round trip times in milli-seconds:
Minimum = 1ms, Maximum = 3ms, Average = 2ms

PC>ping 192.168.4.1
```

```
Pinging 192.168.4.1 with 32 bytes of data:

Reply from 192.168.4.1: bytes=32 time=18ms TTL=126
Reply from 192.168.4.1: bytes=32 time=12ms TTL=126
Reply from 192.168.4.1: bytes=32 time=1ms TTL=126
Reply from 192.168.4.1: bytes=32 time=1ms TTL=126

Ping statistics for 192.168.4.1:
Packets: Sent = 4, Received = 4, Lost = 0（0% loss），
Approximate round trip times in milli-seconds:
Minimum = 1ms, Maximum = 18ms, Average = 8ms
```
思考：如果在路由器 B 上创建访问列表，访问列表如何配置？

6.3 实例——命名型访问控制列表配置

实训目的：

掌握命名型的访问控制列表的原理与配置。

实训环境：

2 台路由器、3 台电脑、1 台服务器、相关设备线。

实训导读：

1．基于名称 ACL 的配置步骤

1）设置基于名称 ACL 的格式

全局模式#ip access-list [standard][extended] [ACL 名称]

[standard]：基于名称的标准型 ACL
[extended]：基于名称的扩展型 ACL

2）创建新规则

全局模式#ip access-list [standard][extended] [ACL 名称]

命名模式# [permit|deny] [目标网络或主机]

当建立一个基于名称的 ACL 后，就可以进行到其内部进行配置，添加新规则。例如：添加三条 ACL 规则

```
Permit 192.168.1.1 0.0.0.0
Deny 192.168.2.1 0.0.0.0
Deny 192.168.3.1 0.0.0.0
```

3）将 ACL 就应用到接口

接口模式#ip access-group　<acl-name> {in | out}

4）删除其中某一条规则

全局模式#ip access-list [standard][extended] [ACL 名称]

命名模式# no 序号

序号：创建好的每一条规则都会自动拥有一个序号。

5）删除整个 ACL

全局模式#no access-list standard　acl-name

6）查看访问控制列表

特权模式#show access-list

7）解除接口上的 ACL 绑定

接口模式# ip access-group <acl- name> {in | out}

实训内容：

任务：已知某校有三个校区，如图 6-4 所示，分别是东校区、南校区和北校区，现在需要对访问有所控制，只允许北校区主机 A 访问东校区主机 A，而不能访问学院总部服务器，同时只允许南校区主机 A 访问学院总部服务器，而不能访问东校区，现采用基于名称扩展型的访问控制列表进行配置。

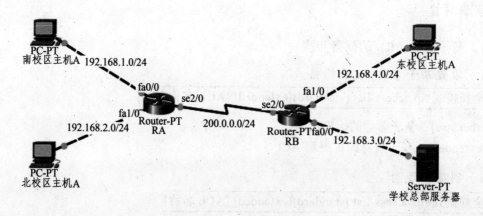

图 6-4　命名型 ACL

路由器接口配置列表如表 6-7 所示。

表 6-7　路由器接口配置列表

设备名称	fa0/0 接口 IP	fa1/0 接口 IP	se2/0 接口 IP
RA	192.168.1.100	192.168.2.100	200.0.0.1
RB	192.168.3.100	192.168.4.100	200.0.0.2

计算机配置列表如表 6-8 所示。

表 6-8 计算机配置列表

设备名称	IP 地址	网关
东校区主机 A	192.168.4.1	192.168.4.100
南校区主机 A	192.168.1.1	192.168.1.100
北校区主机 A	192.168.2.1	192.168.2.100
学校总部服务器	192.168.3.1	192.168.3.100

第一步：按图中所示进行设备的连接，并配置所有的路由器接口、计算机 IP 地址，并在两路由器连接处的 DTC 端，配置时钟频率，最后分别在路由器 RA，RB 上配置静态路由（此步骤请参考实例 6.1.2）。

第二步：在路由器 A 上创建一个命名扩展型访问控制列表。

RA（config）#ip access-list extended ABC

第三步：在创建好的名称内部创建访问控制规则。

RA（config）#ip access-list extended ABC
RA（config-ext-nacl）#permit ip host 192.168.1.1 host 192.168.3.1
RA（config-ext-nacl）#permit ip host 192.168.2.1 host 192.168.4.1
RA（config-ext-nacl）#deny ip host 192.168.1.1 host 192.168.4.1
RA（config-ext-nacl）#deny ip host 192.168.2.1 host 192.168.3.1
RA（config-ext-nacl）#deny ip any any

第四步：将规则绑定到路由器接口上。

RA（config）#int se2/0
RA（config-if）#ip access-group ABC out

第五步：验证访问控制列表是否生效。

南校区主机 A 分别 Ping 学校总部服务器和东校区主机 A：

PC>ping 192.168.3.1

Pinging 192.168.3.1 with 32 bytes of data:

Reply from 192.168.3.1: bytes=32 time=2ms TTL=126
Reply from 192.168.3.1: bytes=32 time=3ms TTL=126
Reply from 192.168.3.1: bytes=32 time=1ms TTL=126
Reply from 192.168.3.1: bytes=32 time=3ms TTL=126

Ping statistics for 192.168.3.1:
Packets: Sent = 4, Received = 4, Lost = 0 （0% loss），
Approximate round trip times in milli-seconds:

```
Minimum = 1ms, Maximum = 3ms, Average = 2ms


PC>ping 192.168.4.1


Pinging 192.168.4.1 with 32 bytes of data:

Reply from 192.168.1.100: Destination host unreachable.
Reply from 192.168.1.100: Destination host unreachable.
Reply from 192.168.1.100: Destination host unreachable.
Reply from 192.168.1.100: Destination host unreachable.

Ping statistics for 192.168.4.1:
Packets: Sent = 4, Received = 0, Lost = 4 (100% loss),
```

北校区主机 A 分别 Ping 东校区主机 A 和学院总部服务器：

```
PC>ping 192.168.4.1


Pinging 192.168.4.1 with 32 bytes of data:

Reply from 192.168.4.1: bytes=32 time=2ms TTL=126
Reply from 192.168.4.1: bytes=32 time=1ms TTL=126
Reply from 192.168.4.1: bytes=32 time=8ms TTL=126
Reply from 192.168.4.1: bytes=32 time=12ms TTL=126

Ping statistics for 192.168.4.1:
Packets: Sent = 4, Received = 4, Lost = 0 (0% loss),
Approximate round trip times in milli-seconds:
Minimum = 1ms, Maximum = 12ms, Average = 5ms


PC>ping 192.168.3.1


Pinging 192.168.3.1 with 32 bytes of data:

Reply from 192.168.2.100: Destination host unreachable.
Reply from 192.168.2.100: Destination host unreachable.
Reply from 192.168.2.100: Destination host unreachable.
Reply from 192.168.2.100: Destination host unreachable.

Ping statistics for 192.168.3.1:
```

　　　　Packets: Sent = 4, Received = 0, Lost = 4（100% loss），
第六步：删除其中一条规则。
查看名称为 ABC 的规则库内容：
RA#show access-list
Extended IP access list ABC
10 permit ip host 192.168.1.1 host 192.168.3.1（4 match(es)）
20 permit ip host 192.168.2.1 host 192.168.4.1（4 match(es)）
30 deny ip host 192.168.1.1 host 192.168.4.1（4 match(es)）
40 deny ip host 192.168.2.1 host 192.168.3.1（4 match(es)）
50 deny ip any any
删除序号为 20 的规则：
RA(config)#ip access-list extended ABC
RA(config-ext-nacl)#no 20
RA(config-ext-nacl)#end
RA#show access-list
extended IP access list ABC
10 permit ip host 192.168.1.1 host 192.168.3.1（4 match(es)）
30 deny ip host 192.168.1.1 host 192.168.4.1（4 match(es)）
40 deny ip host 192.168.2.1 host 192.168.3.1（4 match(es)）
50 deny ip any any
此过程删除了名称为 ABC 中的序号为 20 的规则。
思考：如何在命名型规则库中添加一个新规则

6.4　实例——反向访问控制列表配置

实训目的：

掌握反向的访问控制列表的原理与配置。

实训环境：

3 台路由器、相关设备线。

实训导读：

1．反向 ACL 的配置步骤

1）针对 TCP 流量

全 局 模 式 #access-list ＜access-list-number＞{deny|permit}＜protocol＞＜source＞ ＜source-wildcard＞[＜destination＞＜destination-wildcard＞][＜destination-port＞][established]

反向访问控制列表格式非常简单，只要在配置好的扩展访问列表最后加上 Established 即可。Established 字段只针对 TCP 流量，它是在 TCP 三次握手建立连接时进行控制，首先简单介绍 TCP 建立连接的三次握手过程：

（1）主机 A 的 TCP 向主机 B 的 TCP 发出连接请求报文。TCP 报文中指明了要连接的 IP 地址和端口号，设置能够接受的 TCP 数据段最大值，以及一些用户数据，SYN=1，ACK=0，这称为"第一次握手"。

（2）主机 B 向主机 A 发送一个应答 TCP 报文段，其中 SYN=1，ACK=1，确认序号。ACKSEQ=X+1，同时自己选一个发送序号 SEQ=Y，这是"第二次握手"。

（3）主机 A 收到主机 B 的确认报文后，再向主机 B 发出一个确认 TCP 报文段，其中 SYN=1，ACK=1，SEQ=X+1，ACKSEQ=Y+1，这就完成了"第三次握手"。

Established 字段主要过滤 ACK=0 的 TCP 报文，而当 ACK=0 时为主机主动发出 TCP 请求，所以 Established 字段便阻止了主机主动发起的 TCP 请求报文。

2）针对 UDP 流量或 TCP 流量以外的数据包

（1）创建扩展型命名访问控制列表。
（2）创建自反列表规则，用到关键字 reflect。
例如：
RA（config）#ip access-list extended out
RA（config-ext-nacl）#permit tcp any any reflect abc（创建名为 abc 自反列表）
（3）调用反射列表，用到关键字 evaluate。
例如：
RA（config-ext-nacl）#evaluate abc（调用 abc 反射）
（4）分别绑定在一个接口上的两个方向。
需要注意以下两点：
（1）自反访问控制列表只能和基于名字的扩展访问控制列表一起工作。
（2）它自己不能工作，必须寄生于扩展访问控制列表，并且有两个访问列表才行，也就是一个列表创建自反列表。

实训内容：

任务：已知如图 6-5 所示的拓扑图，现在需要对访问有所控制，拒绝外网到内网的任何主动连接，而内网却可以远程登录外网。

图 6-5　自反 ACL

路由器接口配置列表如表 6-9 所示。

表 6-9　路由器接口配置列表

设备名称	se2/0 接口 IP	se3/0 接口 IP
内网	1.1.1.1	————
RA	200.0.0.1	1.1.1.2
外网	200.0.0.2	————

第一步：按图 6-5 进行设备的连接，并配置所有的路由器接口 IP 地址，并在路由器连接处的 DCE 端配置时钟频率，最后分别在每个路由器上配置静态路由。

内网：
```
neiwang(config)#interface Serial2/0
neiwang(config-if)#no shutdown
neiwang(config-if)#ip address 1.1.1.1 255.255.255.0
neiwang(config)#ip route 0.0.0.0 0.0.0.0 1.1.1.2
neiwang(config)#line vty 0 4
neiwang(config-line)#password 123
neiwang(config-line)#login
```
RA：
```
RA(config)#interface Serial2/0
RA(config-if)#no shutdown
RA(config-if)#clock rate 64000
RA(config-if)#ip address 200.0.0.1 255.255.255.0
RA(config-if)#exit
RA(config)#interface serial3/0
RA(config-if)#no shutdown
RA(config-if)#clock rate 64000
```
外网：
```
waiwang(config-if)#ip address 1.1.1.2 255.255.255.0
waiwang(config-if)#exit
waiwang(config)#ip route 0.0.0.0 0.0.0.0 200.0.0.1
waiwang(config)#line vty 0 4
waiwang(config-line)#password 456
waiwang(config-line)#login
```
第二步：测试网络是否通畅，同时内外网之间是否可以相互远程登录。

内网 Ping 外网：
```
neiwang#ping 200.0.0.2
Type escape sequence to abort.
```

```
Sending 5, 100-byte ICMP Echos to 200.0.0.2, timeout is 2 seconds:
!!!!!
Success rate is 100 percent (5/5), round-trip min/avg/max = 2/11/26 ms
```
外网 Ping 内网：
```
waiwang#ping 1.1.1.1
Type escape sequence to abort.
Sending 5, 100-byte ICMP Echos to 1.1.1.1, timeout is 2 seconds:
!!!!!
Success rate is 100 percent (5/5), round-trip min/avg/max = 4/4/6 ms
```
内网 Telnet 外网：
```
neiwang#telnet 200.0.0.2
Trying 200.0.0.2 ...Open
User Access Verification
Password:
waiwang>
```
外网 Telnet 内网：
```
waiwang#telnet 1.1.1.1
Trying 1.1.1.1 ...Open
User Access Verification
Password:
neiwang>
```
第三步：在 RA 路由器上配置自反访问规则。
```
RA(config)#ip access-list extended ACL-OUT
RA(config-ext-nacl)#permit tcp any any reflect REF （新建自反名为REF）
RA(config-ext-nacl)#permit udp any any reflect REF （新建自反名为REF）
RA(config)#ip access-list extended ACL-IN
RA(config-ext-nacl)#evaluate REF（调用 REF 反射）
```
第四步：在 RA 路由器接口上绑定规则。
```
RA(config)#int s2/0
RA(config-if)#ip access-group ACL-OUT out
RA(config-if)#ip access-group ACL-IN in
```
第五步：验证实验是否成功。
内网 Telnet 外网：
```
neiwang#telnet 200.0.0.2
Trying 200.0.0.2 ...Open
User Access Verification
Password:
waiwang>
```

外网 Telnet 内网：
waiwang#telnet 1.1.1.1
Trying 1.1.1.1 ...
% Connection timed out; remote host not responding
思考：如果要求内网能 Ping 通外网，而外网无法 Ping 通内网，如何处理？

6.5 实例——基于 ACL 对 Ping 数据流控制

实训目的：

掌握控制数据流的方向进而控制访问。

实训环境：

2 台路由器、3 台电脑、1 台服务器、相关设备线。

实训导读：

Ping 是潜水艇人员的专用术语，表示回应的声呐脉冲，在网络中 Ping 是一个十分好用的 TCP/IP 工具。它主要的功能是用来检测网络的连通情况和分析网络速度。

1．Ping 常用参数

ping [-t] [-a] [-n count] [-l length] [-f] [-I ttl] [-v tos] [-r count] [-s count] [-j computer-list] | [-k computer-list] [-w timeout] destination-list

-t：Ping 指定的计算机直到中断。

-a：将地址解析为计算机名。

-n count：发送 count 指定的 Echo 数据包数，默认值为 4。

-l length：发送包含由 length 指定的数据量的 Echo 数据包。默认为 32 字节，最大值是 65,527。

-f：在数据包中发送"不要分段"标志，数据包就不会被路由上的网关分段。

-i ttl：将"生存时间"字段设置为 ttl 指定的值。

-v tos：将"服务类型"字段设置为 tos 指定的值。

-r count：在"记录路由"字段中记录传出和返回数据包的路由。count 可以指定最少 1 台，最多 9 台计算机。

-s count：指定 count 指定的跃点数的时间戳。

-j computer-list：利用 computer-list 指定的计算机列表路由数据包。连续计算机可以被中间网关分隔（路由稀疏源）IP 允许的最大数量为 9。

-k computer-list：利用 computer-list 指定的计算机列表路由数据包。连续计算机不能被中间网关分隔（路由严格源）IP 允许的最大数量为 9。

-w timeout：指定超时间隔，单位为 ms。

destination-list：指定要 Ping 的远程计算机。

2．Ping 的反馈信息

Ping 的返回信息有"Request Timed Out""Destination Net Unreachable"和"Bad IP address"还有"Source quench received"。

"Request Timed Out"表示发送请求信息超时，这种情况通常是为对方主机拒绝接收源主机发给它的数据包，造成数据包丢失。大多数的原因可能是对方装有防火墙或已下线。

"Destination Net Unreachable"表示对方主机不存在或者没有跟对方建立连接。这里要说明一下"Destination Host Unreachable"和"Time Out"的区别，如果所经过的路由器的路由表中具有到达目标的路由，而目标因为其他原因不可到达，这时候会出现"Time Out"，如果路由表中连到达目标的路由都没有，那就会出现"Destination Host Unreachable"。

"Bad IP Address"表示可能没有连接到 DNS 服务器所以无法解析这个 IP 地址，也可能是 IP 地址不存在。

"Source Quench Received"比较特殊，它出现的几率很少，它表示对方或中途的服务器繁忙无法回应。

3．Ping 的工作原理

当 Ping 开始工作时，源主机（输 Ping 命令的主机）向对方主机发送一个 ICMP 协议中的 Echo 包，而对方如果存活，就会向源主机返回一个 ICMP 协议的 Echo-Reply 包。总的来说使用 Ping 检查网络连通性主要包含五个步骤：

（1）使用"ipconfig/all"命令观察本地网络设置是否正确。

（2）Ping 127.0.0.1，127.0.0.1 为回送地址，Ping 回送地址是为了检查本地的 TCP/IP 协议有没有设置正确。

（3）Ping 本机 IP 地址，这样是为了检查本机的 IP 地址是否设置有误。

（4）Ping 本网网关或本网 IP 地址，这样的是为了检查硬件设备是否有问题，也可以检查本机与本地网络连接是否正常（未联网主机可以忽略这一步骤）。

（5）Ping 远程 IP 地址，这主要是检查本网或本机与外部的连接是否正常。

在检查网络连通的过程中可能出现一些错误，最常见的两种为：

① Request Timed Out。

"Request Time Out"提示除了在前面提到的对方可能装有防火墙或已关机以外，还可能是本机的 IP 不正确或网关设置错误。

IP 不正确：IP 不正确主要是 IP 地址设置错误或 IP 地址冲突，这可以利用 ipconfig/all 这命令来检查。在 Win2000 下 IP 冲突的情况很少发生，因为系统会自动检测在网络中是否有相同的 IP 地址并提醒用户是否设置正确。在 NT 中不但会出现"Request Time Out"的提示而且会出现"Hardware Error"的提示，这信息比较特殊，不要被它所迷惑。

网关设置错误：这个错误可能会在第四个步骤出现。网关设置错误主要是网关地址设置不正确或网关没有转发数据，还有就是可能远程网关失效。这里主要是在 Ping 外部网络地址时出错，错误表现为无法 Ping 外部主机返回信息"Request Time Out"。

② Destination Host Unreachable。

当开始 Ping 网络计算机时如果网络设备出错，它返回信息会提示"Destination Host Unreachable"。如果局域网中使用 DHCP 分配 IP 时，而碰巧 DHCP 失效，这时使用 Ping 命令就会产生此错误。因为在 DHCP 失效时客户机无法分配到 IP 系统，只能自设 IP，往往设为不同子网的 IP，所以会出现"Destination Host Unreachable"。另外子网掩码设置错误也会出现这错误。还有一个比较特殊就是路由返回错误信息，它一般都会在"Destination Host Unreachable"前加上 IP 地址说明哪个路由不能到达目标主机。这说明启用的机器与外部网络连接没有问题，但与某台主机连接存在问题。

　　Ping 这个命令除了可以检查网络的连通和检测故障以外，还有一个比较有趣的用途，那就是可以利用它的一些返回数据，来估算用户主机跟某台主机之间的传输速度。

　　先来看看下面这些返回数据：

```
Pinging 202.105.136.105 with 32 bytes of data:
Reply from 202.105.136.105: bytes=32 time=590ms TTL=114
Reply from 202.105.136.105: bytes=32 time=590ms TTL=114
Reply from 202.105.136.105: bytes=32 time=590ms TTL=114
Reply from 202.105.136.105: bytes=32 time=601ms TTL=114
Ping statistics for 202.105.136.105:
Packets:Sent=4,Received=4,Lost=0(0% loss),Approximate round trip
times in milli-seconds:Minimum=590ms,Maximum=601ms,Average=593ms
```

　　在上例中"bytes=32"表示 ICMP 报文中有 32 个字节的测试数据（这是估算速度的关键数据），"time=590ms"是往返时间。

　　怎样估算链路的速度呢？举个例子吧。我们把 A 和 B 之间设置为 PPP 链路。

　　从上面的 Ping 例可以注意到，默认情况下发送的 ICMP 报文有 32 个字节。除了这 32 个字节外再加上 20 个字节的 IP 首部和 8 个字节的 ICMP 首部，整个 IP 数据报文的总长度就是 60 个字节（因为 IP 和 ICMP 是 Ping 命令的主要使用协议，所以整个数据报文要加上它们）。另外在使用 Ping 命令时还使用了另一个协议进行传输，那就是 PPP 协议（点对点协议），所以在数据的开始和结尾再加上 8 个字节。在传输过程中，由于每个字节含有 8 bit 数据、1 bit 起始位和 1 bit 结束位，因此传输速率是每个字节 2.98 ms。由此我们可以估计需要 405 ms，即（68×2.98×2）ms（乘 2 是表明计算它的往返时间）。

　　这里提醒各位读者，这估算值跟实际值是有误差的。因为现在估算的是一个理论值，还有一些东西没有考虑。比如在网络中的其他干扰，这些干扰主要来自别的计算机。因为在测试时不可能全部计算机停止使用网络，这是不实际的。另外就是传输设备，因为有某些设备如 Modem，它在传输时会把数据压缩后再发送，这大大减少了传输时间。这些东西产生的误差是不能避免的，但其数值在 5% 以内都可以接受（利用 Modem 传输例外），但是可以减少误差的产生。比如把 Modem 的压缩功能关闭和在网络没有那么繁忙时进行测试。有时候误差是无须消除的。因为需要这些误差跟所求得的理论值进行比较分析，从而找出网络的缺陷而进行优化。这时测试网络的所有数据包括误差都会成为优化的依据。

　　还要注意，这种算法在局域网并不适用，因为在局域网中速度非常的快，几乎小于 1 ms，而 Ping 的最小时间分辨率是 1 ms，所以根本无法用 Ping 命令来检测速度，如果想测试速度那就要用专门仪器来检测。

4．ACL 对 Ping 数据流控制配置

1）设置判断扩展语句（一个 ACL 可以由多条规则组成）

全局模式 #access-list <access-list-number> {deny|permit} <protocol><source> <source-

wildcard>[<destination><destition-wildcard>[<destination-port>]echo|echo-reply

<access-list-number>：列表号标准型 ACL 就是 100～199

{deny|permit}：对数据包的判断，是拒绝还是允许

<source> [<source-wildcard>]<source-port>：源地址、源通配码、源端口

<destination><destition-wildcard>[<destination-port>]：目的地址、目的通配码、目的端口

<echo|echo-reply>：Ping 数据包含的两类包，Echo 是请求包，Echo-Reply 是响应包

2）将 ACL 就应用到接口

接口模式#ip access-group　<acl-list-number> {in | out}

In|out：将规则绑定到接口时，有两种方向，in 表示是进的方向，out 表示是出的方向。

3）删除整个 ACL

全局模式#no access-list access-list-number

4）解除接口上的 ACL 绑定

接口模式# ip access-group <acl- list-number> {in | out}

5）查看访问控制列表

特权模式#show access-list

实训内容：

任务：如图 6-6 所示为 Ping 数据流控制拓扑图，现要求路由器 RA 左边的 PC1 可以 Ping 通右边 RB 路由器的 192.168.3.0 和 192.168.4.0 网段，同时 RB 右边的 PC3 也能 Ping 通左边路由器 RA 的 192.168.1.和 192.168.2.0 网段，除此以外的任何主机之间的 Ping 访问都不允许。

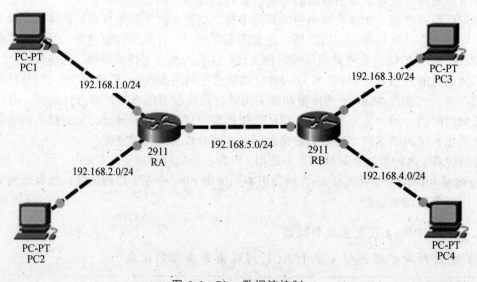

图 6-6　Ping 数据流控制

路由器接口配置列表如表 6-10 所示。

表 6-10 路由器接口配置列表

设备名称	gig0/0 接口 IP	gig0/1 接口 IP	gig0/2 接口 IP
RA	192.168.1.100	192.168.2.100	192.168.5.1
RB	192.168.5.2	192.168.3.100	192.168.4.100

计算机配置列表如表 6-11 所示。

表 6-11 计算机配置列表

设备名称	IP 地址	网关
PC1	192.168.1.1	192.168.1.100
PC2	192.168.2.1	192.168.2.100
PC3	192.168.3.1	192.168.3.100
PC4	192.168.4.1	192.168.4.100

实验步骤：

第一步：按图 6-6 进行设备的连接，并配置所有的路由器接口、计算机 IP 地址，并在两路由器 RA、RB 上配置静态路由。（此步骤省略）

第二步：在 RA 路由器上配置 ACL 防火墙规则。

首先在 RA 上创建二个规则集：扩展型 100，扩展型 101，其中扩展型 100 是从左至右方向，而扩展型 101 是从右至左方向。由于 Ping 的 ICMP 数据包包含两个方向，因此在设定规则时也需要考虑这两个方向。

RA（config）#access-list 100 permit icmp host 192.168.1.1 host 192.168.3.1 echo

RA（config）#access-list 100 permit icmp host 192.168.1.1 host 192.168.4.1 echo

RA（config）#access-list 101 permit icmp host 192.168.3.1 host 192.168.1.1 echo-reply

RA（config）#access-list 101 permit icmp host 192.168.4.1 host 192.168.1.1 echo-reply

RA（config）#access-list 101 permit icmp host 192.168.3.1 host 192.168.1.1 echo

RA（config）#access-list 101 permit icmp host 192.168.3.1 host 192.168.2.1 echo

RA（config）#access-list 100 permit icmp host 192.168.1.1 host 192.168.3.1 echo-reply

RA（config）#access-list 100 permit icmp host 192.168.2.1 host 192.168.3.1 echo-reply

第三步：在 RB 路由器上配置 ACL 防火墙规则。

首先在 RB 上创建二个规则集：扩展型 150，扩展型 151，其中扩展型 150 是从左至右方向，而扩展型 151 是从右至左方向。

RB（config）#access-list 150 permit icmp host 192.168.1.1 host 192.168.3.1 echo

RB（config）#access-list 150 permit icmp host 192.168.1.1 host 192.168.4.1 echo

RB（config）#access-list 151 permit icmp host 192.168.3.1 host 192.168.1.1 echo-reply

RB（config）#access-list 151 permit icmp host 192.168.4.1 host 192.168.1.1 echo-reply

RB（config）#access-list 151 permit icmp host 192.168.3.1 host 192.168.1.1 echo

RB（config）#access-list 151 permit icmp host 192.168.3.1 host 192.168.2.1 echo

RB（config）#access-list 150 permit icmp host 192.168.1.1 host 192.168.3.1 echo-reply

RB（config）#access-list 150 permit icmp host 192.168.2.1 host 192.168.3.1 echo-reply

第四步：把创建好的规则绑定到路由器的相应接口上，在 RA 路由器上绑定扩展型 100、扩展型 101。

RA（config）#int gig0/2

RA（config-if）#ip access-group 100 out

RA（config-if）#ip access-group 101 in

第五步：把创建好的规则绑定到路由器的相应接口上，在 RB 路由器上绑定扩展型 150、扩展型 151。

RB（config）#int gig0/0

RB（config-if）#ip access-group 150 in

RB（config-if）#ip access-group 151 out

第六步：验证 PC1 成功 Ping 通网络 192.168.3.0/24 和 192.168.4.0。

PC>ping 192.168.3.1

Pinging 192.168.3.1 with 32 bytes of data:

Reply from 192.168.3.1: bytes=32 time=0ms TTL=126
Reply from 192.168.3.1: bytes=32 time=0ms TTL=126
Reply from 192.168.3.1: bytes=32 time=0ms TTL=126
Reply from 192.168.3.1: bytes=32 time=0ms TTL=126

```
Ping statistics for 192.168.3.1:
Packets: Sent = 4, Received = 4, Lost = 0 (0% loss),
Approximate round trip times in milli-seconds:
Minimum = 0ms, Maximum = 0ms, Average = 0ms


PC>ping 192.168.4.1

Pinging 192.168.4.1 with 32 bytes of data:

Request timed out.
Reply from 192.168.4.1: bytes=32 time=0ms TTL=126
Reply from 192.168.4.1: bytes=32 time=0ms TTL=126
Reply from 192.168.4.1: bytes=32 time=0ms TTL=126


Ping statistics for 192.168.4.1:
Packets: Sent = 4, Received = 3, Lost = 1 (25% loss),
Approximate round trip times in milli-seconds:
Minimum = 0ms, Maximum = 0ms, Average = 0ms
```

第七步：验证 PC3 成功 Ping 通网络 192.168.1.0/24 和 192.168.2.0。

```
PC>ping 192.168.1.1

Pinging 192.168.1.1 with 32 bytes of data:

Reply from 192.168.1.1: bytes=32 time=1ms TTL=126
Reply from 192.168.1.1: bytes=32 time=0ms TTL=126
Reply from 192.168.1.1: bytes=32 time=0ms TTL=126
Reply from 192.168.1.1: bytes=32 time=0ms TTL=126

Ping statistics for 192.168.1.1:
Packets: Sent = 4, Received = 4, Lost = 0 (0% loss),
Approximate round trip times in milli-seconds:
Minimum = 0ms, Maximum = 1ms, Average = 0ms


PC>ping 192.168.2.1

Pinging 192.168.2.1 with 32 bytes of data:

Request timed out.
```

```
Reply from 192.168.2.1: bytes=32 time=0ms TTL=126
Reply from 192.168.2.1: bytes=32 time=0ms TTL=126
Reply from 192.168.2.1: bytes=32 time=0ms TTL=126

Ping statistics for 192.168.2.1:
Packets: Sent = 4, Received = 3, Lost = 1 (25% loss),
Approximate round trip times in milli-seconds:
Minimum = 0ms, Maximum = 0ms, Average = 0ms
```
第八步：验证除了以上成功访问以外，其他任何访问均无法 Ping 通。
PC2 访问 PC3、PC4：
```
PC>ping 192.168.3.1

Pinging 192.168.3.1 with 32 bytes of data:

Reply from 192.168.2.100: Destination host unreachable.
Reply from 192.168.2.100: Destination host unreachable.
Reply from 192.168.2.100: Destination host unreachable.
Reply from 192.168.2.100: Destination host unreachable.

Ping statistics for 192.168.3.1:
Packets: Sent = 4, Received = 0, Lost = 4 (100% loss),

PC>ping 192.168.4.1

Pinging 192.168.4.1 with 32 bytes of data:

Reply from 192.168.2.100: Destination host unreachable.
Reply from 192.168.2.100: Destination host unreachable.
Reply from 192.168.2.100: Destination host unreachable.
Reply from 192.168.2.100: Destination host unreachable.

Ping statistics for 192.168.4.1:
Packets: Sent = 4, Received = 0, Lost = 4 (100% loss),
```
PC4 访问 PC1、PC2：
```
PC>ping 192.168.3.1

PC>ping 192.168.1.1
```

```
Pinging 192.168.1.1 with 32 bytes of data:

Reply from 192.168.4.100: Destination host unreachable.
Reply from 192.168.4.100: Destination host unreachable.
Reply from 192.168.4.100: Destination host unreachable.
Reply from 192.168.4.100: Destination host unreachable.

Ping statistics for 192.168.1.1:
Packets: Sent = 4, Received = 0, Lost = 4（100% loss），

PC>ping 192.168.2.1

Pinging 192.168.2.1 with 32 bytes of data:

Reply from 192.168.4.100: Destination host unreachable.
Reply from 192.168.4.100: Destination host unreachable.
Reply from 192.168.4.100: Destination host unreachable.
Reply from 192.168.4.100: Destination host unreachable.

Ping statistics for 192.168.2.1:
Packets: Sent = 4, Received = 0, Lost = 4（100% loss）
```

6.6 实例——基于时间访问控制列表

实训目的：

掌握基于时间访问控制列表的原理与配置。

实训环境：

2台路由器、3台电脑、1台服务器、相关设备线。

实训导读：

1. 基于时间 ACL 的配置步骤

全局模式下输入：

```
time-range time-range-name absolute [start time date] [end time date] periodic days-of-the week hh：mm to [days-of-the week] hh：mm
```

Time-range：用来定义时间范围的命令。

Time-range-name：时间范围名称，用来标识时间范围，以便于在后面的访问列表中引用。

Absolute：该命令用来指定绝对时间范围。它后面紧跟这 start 和 end 两个关键字。在这两个关键字后面的时间要以 24 小时制、hh：mm（小时：分钟）表示，日期要按照日/月/年来表示。可以看到，他们两个可以都省略。若省略 start 及其后面的时间，那表示与之相联系的 permit 或 deny 语句立即生效，并一直作用到 end 处的时间为止；若省略 end 及其后面的时间，那表示与之相联系的 permit 或 deny 语句在 start 处表示的时间开始生效，并且永远发生作用，只有把访问列表删除才使其停止。

一个时间范围只能有一个 absolute 语句，但是可以有几个 periodic 语句。

Periodic：主要以星期为参数来定义时间范围。它的参数主要有 Monday、Tuesday、Wednesday、Thursday、Friday、Saturday、Sunday 中的一个或者几个的组合，也可以是 daily（每天）、weekday（周一到周五）或者 weekend（周末）。

实训内容：

任务：某公司为了防止有员工在上班时经常上网浏览与工作无关的网站，影响工作，因此网络管理员在网络上进行设置，在上班时间只允许浏览与工作相关的几个网站，禁止访问其他网站。拓扑图如图 6-7 所示。

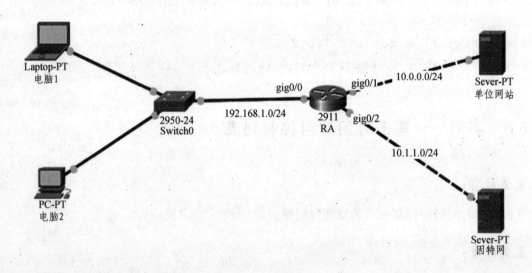

图 6-7 基于时间 ACL

路由器接口配置列表如表 6-12 所示。

表 6-12 路由器接口配置列表

设备名称	gig0/0 接口 IP	gig0/1 接口 IP	gig0/2 接口 IP
RA	192.168.1.100	10.0.0.100	10.1.1.100

计算机、服务器配置列表如表 6-13 所示。

表 6-13 计算机、服务器配置列表

设备名称	IP 地址	网关
电脑 1	192.168.1.1	192.168.1.100
电脑 2	192.168.1.2	192.168.1.100
单位网站	10.0.0.1	10.0.0.100
因特网	10.1.1.1	10.1.1.100

第一步：按图中所示进行设备的连接，并按要求配置所有的路由器接口 IP 地址，计算机 IP 地址（此步骤省略）。

第二步：在路由器 RA 上定义基于时间的访问控制列表。

RA（config）#access-list 100 permit ip any host 10.0.0.1 （允许访问单位网站服务器）

RA（config）#access-list 100 permit ip any any time-range time1 （允许在规定时间 time1 内访问因特网）

第三步：显示路由器当前的时钟，并设置当前路由器的时间。

RA#show clock

*0：54：52.744 UTC Mon Mar 1 1993

RA#clock set 19：18：52 january 20 2017

RA#show clock

*19：18：55.624 UTC Fri Jan 20 2017

第四步：定义一个时间段，并创建这个时间范围。

RA（config）#time-range time1 （定义 time-range 接口 time1，即定义时间段）RA（config-time-range）#absolute start 8：00 1 jan 2017 end 18：00 30 dec 2020 （定义绝对时间）

RA（config-time-range）#periodic daily 0：00 to 8：00（定义周期性时间段——非上班时间）

RA（config-time-range）#periodic daily 17：00 to 23：59 （配置时间）

第五步：在接口上绑定访问列表。

RA（config）# interface gig0/0 （进入接口 F1 配置模式）

RA（config-if）# ip access-group 100 in

第六步：在非工作时间分别访问单位网站和因特网，最后修改路由器时间为工作时间，再次访问单位网站和因特网。

注意事项：

（1）在定义时间接口前须先校正系统时钟。

（2）Time-range 接口上允许配置多条 periodic 规则（周期时间段），在 ACL 进行匹配时，只要能匹配任一条 periodic 规则即认为匹配成功，而不是要求必须同时匹配多条 periodic 规则。

（3）设置 periodic 规则时可以按以下日期段进行设置：day-of-the-week（星期几）、Weekdays（工作日）、Weekdays（周末，即周六和周日）、Daily（每天）。

（4）Time-range 接口上只允许配置一条 absolute 规则（绝对时间段）。

（5）Time-range 允许 absolute 规则与 periodic 规则共存，此时，ACL 必须首先匹配 absolute 规则，然后再匹配 periodic 规则。

7 局域网访问广域网

7.1 NAT 的基本知识

随着 Internet 飞速发展，网上丰富的资源产生着巨大的吸引力，接入 Internet 成为当今信息业最为迫切的需求。然而，现实中却存在许多的限制，其一，众所周知，许多局域网在未联入 Internet 之前，就已经运行了许多年了，局域网上有了许多现成的资源和应用程序，但它的 IP 地址分配不符合 Internet 的国际标准，因而需要重新分配局域网的 IP 地址，这无疑是劳神费时的工作。其二，随着 Internet 膨胀式的发展，其可用的 IP 地址越来越少，要想在 ISP 处申请一个新的 IP 地址已不是很容易的事。这时 NAT——网络地址转换出现了，它能够解决不少令人头疼的问题。它通过将专用网络地址（如企业内部网 Intranet）转换为公用地址（如互联网 Internet），从而对外隐藏了内部管理的 IP 地址。这样，通过在内部使用非注册的 IP 地址，并将它们转换为一小部分外部注册的 IP 地址，从而减少了 IP 地址注册的费用以及节省了目前越来越缺乏的地址空间（即 IPV4）。同时，这也隐藏了内部网络结构，从而降低了内部网络受到攻击的风险。NAT 功能通常被集成到路由器、防火墙、单独的 NAT 设备中，当然，现在比较流行的操作系统或其他软件（主要是代理软件，如 WINROUTE），大多也有着 NAT 的功能。NAT 设备（或软件）维护一个状态表，用来把内部网络的私有 IP 地址映射到外部网络的合法 IP 地址上去。每个包在 NAT 设备（或软件）中都被翻译成正确的 IP 地址发往下一级。与普通路由器不同的是，NAT 设备实际上对包头进行修改，将内部网络的源地址变为 NAT 设备自己的外部网络地址，而普通路由器仅在将数据包转发到目的地前读取源地址和目的地址。

1．实施 NAT 的优点和缺点

表 7-1 为实施 NAT 的优点与缺点对照表。

表 7-1 NAT 的优点与缺点

优　点	缺　点
① 节约合法注册地址，减少地址重叠出现，增加连接因特网的灵活性； ② 网络变更时避免地址的重新分配	① 地址转换产生交换延迟，无法进行端到端的 IP 跟踪； ② 某些应用无法在实施 NAT 的网络中运行

2．NAT 命名

在 NAT 中，使用的地址的名字描述起来很简单。在 NAT 转换后使用的地址叫做全局地址。它们通常是使用在因特网上的公网地址，但是如果不进入因特网，就不需要公网地址。

在 NAT 转换之前的地址叫做本地地址。因此，内部本地地址实际上是尝试连接到因特网的发送端主机的私有地址。根据 RFC 1918，内部本地地址包括如下 3 个大小不同的地址空间，可供不同规模的企业网或专用网使用。

（1）10.0.0.0～10.255.255.255，1 个 A 类地址，包含 256 个 B 类地址或 65536 个 C 类地址，共约 1677 万个 IP 地址。

（2）172.16.0.0～172.31.255.255，16 个 B 类地址，包含 4096 个 C 类地址，共约 104 万个 IP 地址。

（3）192.168.0.0～191.168.255.255，1 个 B 类地址，包含 256 个 C 类地址，共约 65536 个 IP 地址。

而外部本地地址则是目标主机的地址。目标主机地址通常是一个公网地址（网页地址、E-mail 服务器，等等），也是数据包开始其旅程的地方。在转换之后，内部本地地址叫做内部全局地址，而且外部全局地址变为目标主机的名字。当内部主机访问 Internet 或者与外部网络主机进行通信的时候将涉及地址转换的问题。NAT 设备通过把本地网络主机的 IP 地址和端口号转换为外部全局 IP 地址和端口号，达到内部网络访问 Internet 和外部网络主机的目的。同理通过配置内部网络的应用服务器，外部网络主机也可以访问并获得内部服务器提供的服务。

表 7-2 列出了所有这些术语，让读者对 NAT 中使用的名字有更清晰的认识。

表 7-2 NAT 术语

名 字	意 义
内部本地	转换之前内部源地址的名字
外部本地	转换之前目标主机的名字
内部全局	转换之后内部主机的名字
外部全局	转换之后外部目标主机的名字

3．NAT 的类型

1）静态 NAT

这种类型的 NAT 是为了在本地和全球地址间允许一对一映射而设计的。需要记住的是，静态 NAT 需要网络中的每台主机都拥有一个真实的因特网 IP 地址。

2）动态 NAT

这种类型的 NAT 可以实现映射一个未注册 IP 地址到注册 IP 地址池中的一个注册 IP 地址。不必要像使用静态 NAT 那样，在路由器上静态映射内部到外部的地址，但是必须保证拥有足够的真实 IP，保证每个在因特网中收发包的用户都有真实的 IP 可用。

3）复用 NAT

这是最流行的 NAT 配置类型。复用 NAT 实际上是动态 NAT 的一种形式，它映射多个未注册的 IP 地址到单独一个注册的 IP 地址———对多——通过使用不同的端口，也被称为端口地址映射（PAT）。它特别在通过使用 PAT（NAT 复用），可实现上千个用户仅通过一个真实的全球 IP 地址连接到因特网。使用 NAT 复用是至今在互联网上没有使用完合法 IP 地址的真实原因。

7.2 实例——静态 NAT 之正向配置

实训目的：
熟悉静态 NAT 的工作原理，理解正向 NAT 的特点及配置方法，学会正向 NAT 的配置。

实训环境：
2 个路由器、3 台电脑、相关设备线。

实训导读：

1．静态 NAT 工作原理

静态 NAT 是最基本的 NAT 方式，也是最常用的 NAT 方式之一，在 NAT 表中为每一个需要转换的内部地址创建了固定的转换条目，映射到唯一的全局地址。内部地址与全局地址一一对应。它有以下特征：（1）内部本地地址和内部全局地址是一对一映射。（2）静态 NAT 是永久有效的。

2．静态 NAT 的配置步骤

（1）配置内部本地地址与内部全局地址的转换关系。

`全局模式#ip nat inside source static 内部本地地址 内部全局地址`

（2）进入内部接口配置模式。

`接口模式#interface 接口名称`

（3）定义该接口连接内部网络。

`全局模式#ip nat inside`

（4）进入外部接口配置模式。

`接口模式#interface 接口名称`

（5）定义该接口连接外部网络。

`全局模式#ip nat outside`

（6）查看 NAT 的配置：分别查看生效的 NAT 配置与 NAT 的统计信息。

`特权模式#show ip nat translations`

特权模式#show ip nat statistics

（7）删除配置的静态 NAT。

全局模式#no ip nat inside source static 内部本地地址　内部全局地址

该命令可删除 NAT 表中指定的项目，不影响其他 NAT 的应用。如果在接口上使用 no ip nat inside 或 no ip nat outside 命令，则可停止该接口的 NAT 检查和转换，会影响各种 NAT 的应用。

3．正向 NAT 与反向 NAT

1）正向 NAT

把内部网络中的地址转换成外部网络中的地址，称之为正向转换，使用的 NAT 命令为"ip nat inside source static {内部本地地址　内部全局地址}"，把本地网络的本地地址转换成外部网络的全局地址。

2）反向 NAT

把外部网络中的地址转换成内部网络中的地址称之为反向转换，使用的 NAT 命令为"ip nat outside source static {外部全局地址　外部本地地址}"，把外部网络的全局地址转换成本地网络的本地地址。对比可以看出，正向 NAT 与反向 NAT 两个命令中的本地 IP 地址和全局 IP 地址的位置是相互调换的。而把需要同时具有两方面的转换，称之为双向转换。正向转换时只需要定义内部本地地址和内部全局地址；反方向的转换时则需要定义外部本地地址和外部全局地址；双向转换时则需要同时定义内部本地地址、内部全局地址、外部本地地址和外部全局地址。

实训内容：

现假设某单位创建了 PC1 和 PC2，这两台 PC 机不但允许内部用户（IP 地址为 192.168.1.0/24 网段）能够访问，而且要求 Internet 上的外网用户也能够访问。为实现此功能，本单位向当地的 ISP 申请了一段公网的 IP 地址 222.10.10.0/24，通过静态 NAT 转换，当 Internet 上的用户访问这两台 PC 时，实际访问的是 222.10.10.10 和 222.10.10.11 这两个公网的 IP 地址，但用户的访问数据被路由器 RA 分别转换为 192.168.1.1 和 192.168.1.2 两个内网的私有 IP 地址。拓扑图如图 7-1 所示。

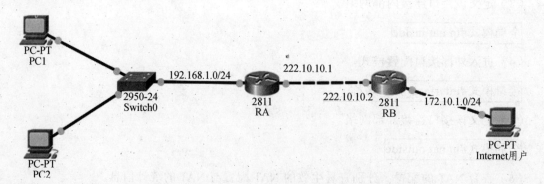

图 7-1　NAT 转换

路由器接口配置列表如表 7-3 所示。

表 7-3　路由器接口配置列表

设备名称	fa0/0 接口 IP	Fa0/1 接口 IP
RA	192.168.1.100	222.10.10.1
RB	222.10.10.2	172.10.1.1

计算机配置列表如表 7-4 所示。

表 7-4　计算机配置列表

设备名称	IP 地址	网关
PC1	192.168.1.1	192.168.1.100
PC2	192.168.1.2	192.168.1.100
Internet 用户	172.10.1.2	172.10.1.1

实验步骤：

第一步：按图 7-1 进行设备的连接，并配置所有的路由器接口、计算机 IP 地址，最后分别在路由器 RA，RB 上配置静态路由，最后验证是否全网互通（此步骤忽略）。

第二步：配置内部本地地址与内部全局地址的转换关系。

RA（config）#ip nat inside source static 192.168.1.1 222.10.10.10
RA（config）#ip nat inside source static 192.168.1.2 222.10.10.11

第三步：进入内部接口配置模式并定义该接口连接内部网络。

RA（config）#interface fa0/0
RA（config-if）#ip nat inside

第四步：进入外部接口配置模式并定义该接口连接外部网络。

RA（config）#interface fa0/1
RA（config-if）#ip nat outside

第五步：查看 NAT 的配置：分别查看生效的 NAT 配置与 NAT 的统计信息。

RA#show ip nat translation
Pro Inside global Inside local Outside local Outside global
--- 222.10.10.10 192.168.1.1 --- ---
--- 222.10.10.11 192.168.1.2 --- ---

RA#show ip nat statistics
Total translations: 2 (2 static, 0 dynamic, 0 extended)
Outside Interfaces: FastEthernet0/1
Inside Interfaces: FastEthernet0/0
Hits: 0 Misses: 0
Expired translations: 0

Dynamic mappings:

第六步：验证是否成功转换。

首先，通过 Internet 用户 Ping 222.10.10.10 和 222.10.10.11 这两个公网地址：

```
PC>ping 222.10.10.10

Pinging 222.10.10.10 with 32 bytes of data:

Reply from 222.10.10.10: bytes=32 time=0ms TTL=126
Reply from 222.10.10.10: bytes=32 time=0ms TTL=126
Reply from 222.10.10.10: bytes=32 time=0ms TTL=126
Reply from 222.10.10.10: bytes=32 time=0ms TTL=126

Ping statistics for 222.10.10.10:
Packets: Sent = 4, Received = 4, Lost = 0 (0% loss),
Approximate round trip times in milli-seconds:
Minimum = 0ms, Maximum = 0ms, Average = 0ms

PC>ping 222.10.10.11

Pinging 222.10.10.11 with 32 bytes of data:

Reply from 222.10.10.11: bytes=32 time=1ms TTL=126
Reply from 222.10.10.11: bytes=32 time=0ms TTL=126
Reply from 222.10.10.11: bytes=32 time=0ms TTL=126
Reply from 222.10.10.11: bytes=32 time=0ms TTL=126

Ping statistics for 222.10.10.11:
Packets: Sent = 4, Received = 4, Lost = 0 (0% loss),
Approximate round trip times in milli-seconds:
Minimum = 0ms, Maximum = 1ms, Average = 0ms
```

其次，在 RA 上查看静态 NAT 是否成功转换：

```
RA#show ip nat translation
Pro    Inside global       Inside local      Outside local      Outside global
icmp   222.10.10.10: 5     192.168.1.1: 5    172.10.1.2: 5      172.10.1.2: 5
icmp   222.10.10.10: 6     192.168.1.1: 6    172.10.1.2: 6      172.10.1.2: 6
icmp   222.10.10.10: 7     192.168.1.1: 7    172.10.1.2: 7      172.10.1.2: 7
icmp   222.10.10.10: 8     192.168.1.1: 8    172.10.1.2: 8      172.10.1.2: 8
---    222.10.10.10        192.168.1.1       ---                ---
---    222.10.10.11        192.168.1.2       ---                ---
```

```
RA#show ip nat translation
Pro   Inside global      Inside local      Outside local     Outside global
icmp  222.10.10.11: 10   192.168.1.2: 10   172.10.1.2: 10    172.10.1.2: 10
icmp  222.10.10.11: 11   192.168.1.2: 11   172.10.1.2: 11    172.10.1.2: 11
icmp  222.10.10.11: 12   192.168.1.2: 12   172.10.1.2: 12    172.10.1.2: 12
icmp  222.10.10.11: 13   192.168.1.2: 13   172.10.1.2: 13    172.10.1.2: 13
icmp  222.10.10.11: 14   192.168.1.2: 14   172.10.1.2: 14    172.10.1.2: 14
icmp  222.10.10.11: 15   192.168.1.2: 15   172.10.1.2: 15    172.10.1.2: 15
icmp  222.10.10.11: 16   192.168.1.2: 16   172.10.1.2: 16    172.10.1.2: 16
---   222.10.10.10       192.168.1.1       ---               ---
---   222.10.10.11       192.168.1.2       ---               ---
```

通过此步骤可以看出当因特网上的用户访问 222.10.10.10 或 222.10.10.11 时，NAT 路由器会自动转换成内网的两个用户地址：192.168.1.1 和 192.168.1.2。

7.3 实例——静态 NAT 之反向配置

实训目的：

熟悉静态 NAT 的工作原理，理解反向 NAT 的特点及配置方法，学会反向 NAT 的配置。

实训环境：

2 个路由器、3 台电脑、相关设备线。

实训内容：

现假设某单位拓扑结构如图 7-1 所示，现要求 NAT 路由器 RA 内部网络接口 fa0/0 接收到目的地址为 222.10.10.10 外部本地地址数据包后，数据包的目的地址将转变为 171.10.1.2 外部全局地址。当 NAT 路由器在外部网接接口 fa0/1 接收到源址为 171.10.1.2 外部本地地址的数据包时，数据包的源地址将转变 222.10.10.10 外部全局地址。

第一步：按图 7-1 进行设备的连接，并配置所有的路由器接口、计算机 IP 地址，最后分别在路由器 RA、RB 上配置静态路由，最后验证是否全网互通（此步骤忽略）。

第二步：配置外部本地地址与外部全局地址的转换关系。

RA（config）#ip nat outside source static 222.10.10.10 172.10.1.2

第三步：进入内部接口配置模式并定义该接口连接内部网络。

RA（config）#interface fa0/0

RA（config-if）#ip nat inside

第四步：进入外部接口配置模式并定义该接口连接外部网络。

```
RA(config)#interface fa0/1
RA(config-if)#ip nat outside
```
第五步：查看 NAT 的配置：分别查看生效的 NAT 配置与 NAT 的统计信息。
```
RA#show ip nat translation
Pro Inside global Inside local Outside local    Outside global
---      ---          ---         172.10.1.2      222.10.10.10
RA#show ip nat statistics
Total translations: 1 (0 static, 1 dynamic, 0 extended)
Outside Interfaces: FastEthernet0/1
Inside Interfaces: FastEthernet0/0
Hits: 18 Misses: 290
Expired translations: 237
Dynamic mappings:
```
第六步：验证是否成功转换。

首先，通过 PC1 Ping 222.10.10.10 全局地址：
```
PC>ping 222.10.10.10

Pinging 222.10.10.10 with 32 bytes of data:

Reply from 222.10.10.10: bytes=32 time=1ms TTL=126
Reply from 222.10.10.10: bytes=32 time=0ms TTL=126
Reply from 222.10.10.10: bytes=32 time=1ms TTL=126
Reply from 222.10.10.10: bytes=32 time=0ms TTL=126

Ping statistics for 222.10.10.10:
Packets: Sent = 4, Received = 4, Lost = 0 (0% loss),
Approximate round trip times in milli-seconds:
Minimum = 0ms, Maximum = 1ms, Average = 0ms
```
其次，在 RA 上查看静态 NAT 是否成功转换：
```
RA#show ip nat translation
Pro Inside global     Inside local     Outside local    Outside global
icmp 192.168.1.1: 259 192.168.1.1: 259 172.10.1.2: 259  222.10.10.10: 259
icmp 192.168.1.1: 260 192.168.1.1: 260 172.10.1.2: 260  222.10.10.10: 260
icmp 192.168.1.1: 261 192.168.1.1: 261 172.10.1.2: 261  222.10.10.10: 261
icmp 192.168.1.1: 262 192.168.1.1: 262 172.10.1.2: 262  222.10.10.10: 262
---         ---              ---            172.10.1.2       222.10.10.10
```

7.4 实例——动态 NAT 配置

实训目的：
熟悉动态 NAT 的工作原理，理解动态 NAT 的特点及配置方法，学会动态 NAT 的配置。

实训环境：
2 个路由器、3 台电脑、相关设备线。

实训导读：

1. 动态 NAT 工作原理

动态 NAT 转换是指将内部网络的本地地址转换为全局地址，IP 地址对在一个时间点上是一对一地某个本地 IP 地址只转换为某个全局 IP 地址。只有当其释放之后，才可以分配给别的本地 IP 地址进行转换。

当 NAT 地址池中的全局地址少于内网当中要求同时访问互联网的计算机数时，就只能先满足其中不超过地址池中最大数量的本地地址转换为全局地址，当释放之后才能重新分配给别的需要进行转换的本地地址。动态 NAT 为内部地址与外部地址的一对一映射，但不像是静态 NAT 不变化的，动态 NAT 在一个时间段内是动态分配转换的，也就是当释放后可以重新进行分配转换。

2. 动态 NAT 的配置

（1）定义一个用于动态 NAT 转换的内部全局地址池。

全局模式#Ip nat pool 地址池名 起始地址 结束地址 netmask 子网掩码

（2）定义标准 ACL，匹配该 ACL 的内部本地地址可以动态转换。

全局模式#Access-list 列表号 permit 源地址 源通配掩码

（3）配置内部本地地址和内部全局地址间的转换关系。

全局模式#Ip nat inside source list 列表号 pool 地址池名

（4）进入内部接口配置模式。

全局模式#Interface 接口名称

（5）定义该接口连接内部网络。

全局模式#Ip nat inside

（6）进入外部接口配置模式。

全局模式#Interface 接口名称

（7）定义该接口连接外部网络。

全局模式#Ip nat outside

实训内容：

任务：如图 7-1 所示，现假设某单位创建了 PC1 和 PC2，这两台 PC 机不但允许内部用户（IP 地址为 192.168.1.0/24 网段）能够访问，而且要求 Internet 上的外网用户也能够访问。为实现此功能，本单位向当地的 ISP 申请了一段公网的 IP 地址 222.10.10.0/24，通过动态 NAT 转换，当 Internet 上的用户访问这两台 PC 时，实际访问的是 222.10.10.10 和 222.10.10.14 这个地址池中的 IP 地址，但用户的访问数据被路由器 RA 分别转换为 192.168.1.1 和 192.168.1.2 两个内网的私有 IP 地址。

第一步：按图 7-1 进行设备的连接，并配置所有的路由器接口、计算机 IP 地址，最后分别在路由器 RA、RB 上配置静态路由，最后验证是否全网互通（此步骤忽略）。

第二步：定义一个用于动态 NAT 转换的内部全局地址池。

RA（config）#ip nat pool abc 222.10.10.10 222.10.10.14 netmask 255.255.255.0

第三步：定义标准 ACL，匹配该 ACL 的内部本地地址可以动态转换。

RA（config）#access-list 10 permit 192.168.1.0 0.0.0.255

第四步：配置内部本地地址和内部全局地址间的转换关系。

RA（config）#ip nat inside source list 10 pool abc

第五步：进入内部接口配置。

RA（config）#interface fa0/0

第六步：定义该接口连接内部网络。

RA（config-if）#ip nat inside

第七步：进入外部接口配置。

RA（config）#interface fa0/1

第八步：定义该接口连接外部网络。

RA（config-if）#ip nat outside

第九步：验证是否成功转换。

首先，通过主机 PC1 和 PC2 分别 Ping 172.10.1.2。

PC1 Ping 172.10.1.2：

PC>ping 172.10.1.2

Pinging 172.10.1.2 with 32 bytes of data:

Reply from 172.10.1.2: bytes=32 time=0ms TTL=126
Reply from 172.10.1.2: bytes=32 time=0ms TTL=126
Reply from 172.10.1.2: bytes=32 time=0ms TTL=126
Reply from 172.10.1.2: bytes=32 time=0ms TTL=126

7 局域网访问广域网

```
Ping statistics for 172.10.1.2:
Packets: Sent = 4, Received = 4, Lost = 0 (0% loss),
Approximate round trip times in milli-seconds:
Minimum = 0ms, Maximum = 0ms, Average = 0ms


PC2 Ping 172.10.1.2:
PC>ping 172.10.1.2

Pinging 172.10.1.2 with 32 bytes of data:

Reply from 172.10.1.2: bytes=32 time=1ms TTL=126
Reply from 172.10.1.2: bytes=32 time=0ms TTL=126
Reply from 172.10.1.2: bytes=32 time=0ms TTL=126
Reply from 172.10.1.2: bytes=32 time=1ms TTL=126

Ping statistics for 172.10.1.2:
Packets: Sent = 4, Received = 4, Lost = 0 (0% loss),
Approximate round trip times in milli-seconds:
Minimum = 0ms, Maximum = 1ms, Average = 0ms
```

其次，在 RA 上查看是否转换成功。

```
RA#show ip nat translations
Pro  Inside global    Inside local    Outside local   Outside global
icmp 222.10.10.10: 1  192.168.1.1: 1  172.10.1.2: 1   172.10.1.2: 1
icmp 222.10.10.10: 2  192.168.1.1: 2  172.10.1.2: 2   172.10.1.2: 2
icmp 222.10.10.10: 3  192.168.1.1: 3  172.10.1.2: 3   172.10.1.2: 3
icmp 222.10.10.10: 4  192.168.1.1: 4  172.10.1.2: 4   172.10.1.2: 4
icmp 222.10.10.10: 5  192.168.1.1: 5  172.10.1.2: 5   172.10.1.2: 5
icmp 222.10.10.10: 6  192.168.1.1: 6  172.10.1.2: 6   172.10.1.2: 6
icmp 222.10.10.10: 7  192.168.1.1: 7  172.10.1.2: 7   172.10.1.2: 7
icmp 222.10.10.10: 8  192.168.1.1: 8  172.10.1.2: 8   172.10.1.2: 8
icmp 222.10.10.11: 1  192.168.1.2: 1  172.10.1.2: 1   172.10.1.2: 1
icmp 222.10.10.11: 2  192.168.1.2: 2  172.10.1.2: 2   172.10.1.2: 2
icmp 222.10.10.11: 3  192.168.1.2: 3  172.10.1.2: 3   172.10.1.2: 3
icmp 222.10.10.11: 4  192.168.1.2: 4  172.10.1.2: 4   172.10.1.2: 4
icmp 222.10.10.11: 5  192.168.1.2: 5  172.10.1.2: 5   172.10.1.2: 5
icmp 222.10.10.11: 6  192.168.1.2: 6  172.10.1.2: 6   172.10.1.2: 6
icmp 222.10.10.11: 7  192.168.1.2: 7  172.10.1.2: 7   172.10.1.2: 7
icmp 222.10.10.11: 8  192.168.1.2: 8  172.10.1.2: 8   172.10.1.2: 8
```

通过此次实验可以看出，PC1 与 PC2 分别从地址池中选择 222.10.10.10 和 222.10.10.11 进行转换。

7.5 实例——NAT 过载配置

实训目的：

熟悉 NAT 过载的工作原理，理解 NAT 过载的特点及配置方法，学会 NAT 过载的配置。

实训环境：

2 个路由器、3 台电脑、相关设备线。

实训导读：

NAT 过载有时称为端口地址转换或 PAT，它指的是将内部网络的多个私有 IP 地址转换为一个或几个公有 IP 地址，是一种多对一的转换过程。当 PAT 处理各数据包时，它使用端口号来识别发起数据包的客户端。NAT 过载将发送端的地址变成本地全局地址，同样会附加端口号，即内网中的不同的 IP 地址通过端口号来实现对应地址池中同一个公有 IP 地址及端口的转换。NAT 过载会尝试保留源端口号，但是如果此端口号已被使用，NAT 过载会从适当的端口组（0-511、512-1023 或 1024-65535）开始分配第一个可用的端口号。当没有端口可用时，如果配置了一个以上的外部 IP 地址，则 NAT 过载将会使用下一 IP 地址，再次分配原先的源端口。通过 PAT 技术，用户只需向 ISP 申请一个合法 IP，就可以满足所有的用户访问 Internet。PAT 可以支持同时连接 64500 个 TCP／IP、UDP/IP，但实际可以支持的工作站个数会少一些。通过与前面章节介绍的静态 NAT 和动态 NAT 两种转换相比较，这种方式才真正地做到节省 IP 地址。

1．NAT 转换与 NAT 过载的区别

（1）NAT 转换一般只按本地地址与全局地址之间一对一对应关系转换 IP 地址。利用 NAT 过载，一般只需一个或极少几个全局 IP 地址。

（2）NAT 转换将传入的数据包路由给其内部目的地时，将以公有网络上主机给出的传入源 IP 地址为依据。NAT 过载则会同时修改发送者的本地 IP 地址和端口号。NAT 过载选择对公有网络上主机可见的端口号。

2．NAT 过载的配置

（1）定义一个标准访问列表，以允许待转换的地址通过。

全局模式#access-list 列表号 permit 源地址 源通配码

（2）指定要用于过载的全局地址池。

全局模式#ip nat pool 地址池名　起始地址　终止地址　netmask 子网掩码

（3）将上述 ACL 指定的内部本地地址与指定的内部全法地址池进行地址转换。

全局模式#ip nat inside source list 列表号　pool 地址池名　overload

（4）指定连接网络的内部接口，这是需要被转换的接口。

全局模式#interface 接口名称

接口名称#ip nat inside

（5）指定连接外部网络的外部接口，由此接口翻译为内部全局地址到达外部网络。

全局模式#interface 接口名称

接口模式#ip nat outside

注意：当 ISP 提供不止一个全局地址时，NAT 过载将使用地址池。这种配置与动态、一对一 NAT 配置的主要区别是前者使用了 overload 关键字。Overload 关键字允许进行端口地址转换。

实训内容：

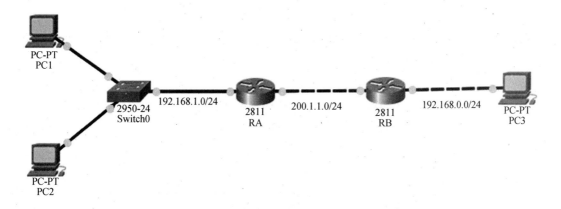

图 7-2　NAT 过载

路由器接口配置列表如表 7-5 所示。

表 7-5　路由器接口配置列表

设备名称	fa0/0 接口 IP	Fa0/1 接口 IP
RA	192.168.1.100	200.1.1.1
RB	200.1.1.2	192.168.0.100

计算机配置列表如表 7-6 所示。

表 7-6 计算机配置列表

设备名称	IP 地址	网关
PC1	192.168.1.1	192.168.1.100
PC2	192.168.1.2	192.168.1.100
PC3	192.168.0.1	192.168.0.100

第一步：按图 7-2 进行设备的连接，并配置所有的路由器接口、计算机 IP 地址，最后分别在路由器 RA，RB 上配置静态路由，最后验证是否全网互通（此步骤忽略）。

第二步：在 RA 上定义一个标准访问列表，以允许待转换的内部本地地址通过。

```
RA(config)#access-list 1 permit 192.168.1.0 0.0.0.255
```

第三步：在 RA 上定义指定要用于过载的全局地址池。

```
RA(config)#ip nat pool abc 200.1.1.1 200.1.1.1 netmask 255.255.255.0
```

第四步：将上述标准访问列表指定的内部本地地址与指定的内部全局地址池进行地址转换。

```
RA(config)#ip nat inside source list 1 pool abc overload
```

第五步：指定连接网络的内部接口，这是需要被转换的接口。

```
RA(config)#interface fa0/0
RA(config-if)#ip nat inside
```

第六步：指定连接外部网络的外部接口，由此接口翻译为内部全局地址到达外部网络。

```
RA(config)#interface fa0/1
RA(config-if)#ip nat outside
```

第七步：查看 NAT 的配置：分别查看生效的 NAT 配置与 NAT 的统计信息。

首先，PC1、PC2 用户通过 pint –t 分别 Ping PC3。

```
C>ping -t 192.168.0.1

Pinging 192.168.0.1 with 32 bytes of data:
Reply from 192.168.0.1: bytes=32 time=1ms TTL=126
Reply from 192.168.0.1: bytes=32 time=0ms TTL=126
Reply from 192.168.0.1: bytes=32 time=0ms TTL=126
Reply from 192.168.0.1: bytes=32 time=0ms TTL=126
Reply from 192.168.0.1: bytes=32 time=0ms TTL=126
Reply from 192.168.0.1: bytes=32 time=7ms TTL=126
Reply from 192.168.0.1: bytes=32 time=0ms TTL=126
Reply from 192.168.0.1: bytes=32 time=0ms TTL=126
Reply from 192.168.0.1: bytes=32 time=0ms TTL=126
Reply from 192.168.0.1: bytes=32 time=0ms TTL=126
```

Reply from 192.168.0.1: bytes=32 time=0ms TTL=126

....

PC>ping -t 192.168.0.1

Pinging 192.168.0.1 with 32 bytes of data:

Reply from 192.168.0.1: bytes=32 time=1ms TTL=126
Reply from 192.168.0.1: bytes=32 time=0ms TTL=126
Reply from 192.168.0.1: bytes=32 time=0ms TTL=126
Reply from 192.168.0.1: bytes=32 time=0ms TTL=126
Reply from 192.168.0.1: bytes=32 time=1ms TTL=126
Reply from 192.168.0.1: bytes=32 time=0ms TTL=126
Reply from 192.168.0.1: bytes=32 time=0ms TTL=126
Reply from 192.168.0.1: bytes=32 time=0ms TTL=126
Reply from 192.168.0.1: bytes=32 time=1ms TTL=126
Reply from 192.168.0.1: bytes=32 time=0ms TTL=126
Reply from 192.168.0.1: bytes=32 time=1ms TTL=126

....

其次，在 RA 上查看 NAT 过载是否成功。

RA#show ip nat translation
Pro Inside global Inside local Outside local Outside global
icmp 200.1.1.1: 109 192.168.1.2: 109 192.168.0.1: 109 192.168.0.1: 109
icmp 200.1.1.1: 110 192.168.1.2: 110 192.168.0.1: 110 192.168.0.1: 110
icmp 200.1.1.1: 111 192.168.1.2: 111 192.168.0.1: 111 192.168.0.1: 111
icmp 200.1.1.1: 112 192.168.1.2: 112 192.168.0.1: 112 192.168.0.1: 112
icmp 200.1.1.1: 113 192.168.1.2: 113 192.168.0.1: 113 192.168.0.1: 113
icmp 200.1.1.1: 114 192.168.1.2: 114 192.168.0.1: 114 192.168.0.1: 114
icmp 200.1.1.1: 78 192.168.1.1: 78 192.168.0.1: 78 192.168.0.1: 78
icmp 200.1.1.1: 79 192.168.1.1: 79 192.168.0.1: 79 192.168.0.1: 79
icmp 200.1.1.1: 80 192.168.1.1: 80 192.168.0.1: 80 192.168.0.1: 80
icmp 200.1.1.1: 81 192.168.1.1: 81 192.168.0.1: 81 192.168.0.1: 81
icmp 200.1.1.1: 82 192.168.1.1: 82 192.168.0.1: 82 192.168.0.1: 82
icmp 200.1.1.1: 83 192.168.1.1: 83 192.168.0.1: 83 192.168.0.1: 83
icmp 200.1.1.1: 84 192.168.1.1: 84 192.168.0.1: 84 192.168.0.1: 84

```
icmp 200.1.1.1: 85 192.168.1.1: 85 192.168.0.1: 85 192.168.0.1: 85
icmp 200.1.1.1: 86 192.168.1.1: 86 192.168.0.1: 86 192.168.0.1: 86
icmp 200.1.1.1: 87 192.168.1.1: 87 192.168.0.1: 87 192.168.0.1: 87
icmp 200.1.1.1: 88 192.168.1.1: 88 192.168.0.1: 88 192.168.0.1: 88
icmp 200.1.1.1: 89 192.168.1.1: 89 192.168.0.1: 89 192.168.0.1: 89
icmp 200.1.1.1: 90 192.168.1.1: 90 192.168.0.1: 90 192.168.0.1: 90
```

从上面的结果显示,无论是 PC1,PC2 都转换成 200.1.1.1 这个全局地址。

参考文献

[1]　唐继勇，林婧. 计算机网络基础[M]. 北京：中国水利水电出版社，2010.
[2]　王伟旗. 网络工程施工[M]. 北京：中国铁道出版社，2010.
[3]　王可等. 网络工程设备配置[M]. 北京：中国水利水电出版社，2012.
[4]　杨陟卓. 网络工程设计与系统集成（第3版）[M]. 北京：人民邮电出版社，2014.
[5]　王波. 网络工程规划与设计[M]. 北京：机械工业出版社，2014.
[6]　陈鸣. 网络工程设计教程：系统集成方法[M]. 北京：机械工业出版社，2010.
[7]　周俊杰. 计算机网络系统集成与工程设计案例教程[M]. 北京：北京大学出版社，2013.
[8]　王勇. 网络系统集成与工程设计[M]. 北京：科学出版社，2011.
[9]　谢希仁. 计算机网络（第7版）[M]. 北京：电子工业出版社，2017.
[10]　William Stallings. 数据与计算机通信（第10版）[M]. 王海，张娟，周慧等，译. 北京：电子工业出版社，2015.